高等学校计算机基础教育教材

微型计算机原理与接口技术习题及实验指导（第2版）

侯彦利 主编
赵永华 马爱民 郭威 张春飞 副主编

清華大学出版社
北京

内 容 简 介

本书作为《微型计算机原理与接口技术》(第2版)(ISBN：978-3-302-66735-3)的配套教材，包含了《微型计算机原理与接口技术》各章节的知识要点、习题解答和汇编语言程序设计实验及微型计算机接口基本实验。本书以 START ES598PCI 实验仪为基础，介绍了"微型计算机原理与接口技术"课程所需的各类实验，包括实验要求、实验目的、实验电路图、实验步骤和实验例程。对每一个实验都给出了较为详细的硬件原理图，对实验需要的一些基础知识也进行了必要的补充。

本书是一本教学辅导用书，可作为普通高等院校工科非计算机类的本、专科学生的"微机原理及接口技术"课程的实验教材，也可作为工程技术人员学习的参考书。

图书在版编目(CIP)数据

微型计算机原理与接口技术习题及实验指导 / 侯彦利主编；赵永华等副主编. -- 2版. -- 北京：清华大学出版社，2025. 4. -- (高等学校计算机基础教育教材). -- ISBN 978-7-302-68928-7

Ⅰ. TP36

中国国家版本馆 CIP 数据核字第 2025LH1328 号

责任编辑：袁勤勇　薛　阳
封面设计：常雪影
责任校对：韩天竹
责任印制：刘　菲

出版发行：清华大学出版社
网　　址：https://www.tup.com.cn，https://www.wqxuetang.com
地　　址：北京清华大学学研大厦A座　　邮　　编：100084
社 总 机：010-83470000　　邮　　购：010-62786544
投稿与读者服务：010-62776969，c-service@tup.tsinghua.edu.cn
质量反馈：010-62772015，zhiliang@tup.tsinghua.edu.cn
课件下载：https://www.tup.com.cn，010-83470236
印 装 者：三河市少明印务有限公司
经　　销：全国新华书店
开　　本：185mm×260mm　　印　　张：11.5　　字　　数：276千字
版　　次：2017年5月第1版　　2025年6月第2版　　印　　次：2025年6月第1次印刷
定　　价：39.00元

产品编号：105270-01

前言

"微机原理与接口技术"是高等院校非计算机专业学生特别是工学各相关专业学生学习微型计算机基本知识和应用技能的课程。本书帮助学生掌握微型计算机的硬件组成原理,学会运用指令系统和汇编语言进行程序设计,了解 C/C++ 与汇编语言混合编程的方法,掌握微型计算机接口的基本技术,为后续智能控制系统类课程的学习打下基础。实验教学是本课程的重要组成部分,是学生掌握程序设计方法和计算机控制系统电路设计的关键环节。

本书实验采用的主要设备是 START ES598PCI 实验仪,所有实验内容均以此实验仪为基础。本书中的第 3、4、6、7、8 章后安排了实验内容,每一个实验都紧扣理论知识要点,采用由简入繁、步步深入的方法引导学生做实验。实验与实际应用相结合,充满趣味性,能充分调动学生的积极性。

本书第 1、2 章由郭威编写,第 3、4、7 章由侯彦利编写,第 5、6 章由赵永华编写,第 8、9 章由马爱民编写,全书由侯彦利统稿,张春飞审校。

本书包括《微型计算机原理与接口技术》(第 2 版)一书各章后习题的解答,供读者参考。

由于编者水平有限,书中难免存在不足之处,敬请读者批评指正。

编　者

2025 年 1 月于吉林大学

目录

第1章

微型计算机基础知识

1.1 知识要点

1. 数制转换方法

十进制数转换为二进制数：整数部分的转换方法是“除2取余”，小数部分采用“乘2取整”。

十进制数转换为十六进制数：方法一为整数部分采用“除16取余”，小数部分采用“乘16取整”；方法二为先把十进制数转换为二进制数，再将二进制数转换为十六进制数。

2. 数据格式

微型计算机中使用的数据通常以无符号整数、有符号整数、浮点数(实数)、ASCII码、Unicode码、BCD码的形式出现。无符号整数和有符号整数以字节、字、双字、四字的形式存储。

3. 无符号数的表示范围及运算溢出判断

一个n位无符号二进制数X，其表示的数的范围为$0 \leqslant X \leqslant 2^n - 1$。

微处理器的算术运算单元只能进行有限位的二进制数运算。2个8位的二进制数进行加减运算，运算结果只保留8位，超出的部分被丢弃。16位、32位的二进制数也是如此。

运算结果如果超出了8位二进制数的取值范围(0～255)，则最高位被丢弃，导致运算结果错误，计算机将这种情况称为溢出。2个16位二进制数相加，结果有可能超出16位二进制数的取值范围，导致最高位被丢弃，运算结果溢出。32位、64位的二进制数加法运算都有可能溢出。

由此可见，在无符号数的加减运算中，如果最高位向前有进位(加法)或借位(减法)，则运算结果产生溢出。

微型计算机中，如果加减运算中最高位向前有进位或借位，将使微处理器标志寄存器中的CF位置1。利用CF位，通过编程可以矫正运算结果，还可以在8位的微处理器上实现16位、32位、64位甚至更多位的二进制数加减运算。

4. 补码

带符号数在计算机中有三种表示方法：原码、反码和补码。在计算机中，带符号整数一般都用补码表示。带符号数的运算都是补码运算。

补码加法规则：　　$[X+Y]_{补}=[X]_{补}+[Y]_{补}$

补码减法规则：　　$[X-Y]_{补}=[X]_{补}-[Y]_{补}=[X]_{补}+[-Y]_{补}$

$[-Y]_{补}$是通过对$[Y]_{补}$求变补得来的，即对$[Y]_{补}$包括符号位在内的每一位，按位取反并加1。

5. 带符号数的溢出判断

补码运算判断溢出的方法：对于一个 n 位的补码，如果运算过程中 $C_{n-1}\oplus C_{n-2}=1$，则运算结果产生溢出；如果 $C_{n-1}\oplus C_{n-2}=0$，则运算结果没有溢出。其中，$\oplus$表示异或运算。微型计算机中，如果运算结果溢出，将使微处理器标志寄存器中的 OF 标志位置 1。

6. 浮点数

日常工作中经常遇到实数，计算机中的实数又称为浮点数。浮点数的表示方法采用科学记数法。浮点数有 4B 和 8B 两种类型。4B 浮点数称为单精度实数，8B 浮点数称为双精度实数。单精度格式包括 1 个符号位、8 位阶码和 23 位尾数，其中第31 位是符号位，表示实数的符号，正数用 0 表示，负数用 1 表示，与有符号数的表示方法一致。第 23～30 位存储阶码，第 0～22 位存储尾数。

双精度格式包括 1 个符号位、11 位阶码和 52 位尾数。其中第 63 位是符号位，表示实数的符号。第 52～62 位存储阶码，第 0～51 位存储尾数。

阶码以移码的形式表示。单精度格式中偏移量为 127(7FH)，双精度格式中偏移量为 1023(3FFH)。存储阶码之前，阶码要加上偏移量，所以阶码又称为移码阶。

7. 基本逻辑运算及常用逻辑部件

计算机中的“逻辑”指的是输入与输出之间的一种因果关系，用 0 和 1 表示，并依此进行推理运算，就是常说的逻辑代数或布尔代数。逻辑代数可以用 $Y=F(a,b,c,d)$这样的逻辑函数表示。变量可以有一个、两个或多个。变量的取值只有两个：0 或 1，它不代表大小，只代表事物的两个对立性质，如真假、有无、对错等。函数值也只有这两个取值。在逻辑代数中有与、或、非三种基本的逻辑运算。

1）与门

如图 1-1 所示，与门是实现“与”运算的电路。若输入的逻辑变量为 A 和 B，则通过与门输出的结果 F 可表示为

$$F=A \wedge B$$

2）或门

如图 1-2 所示，或门是实现“或”运算的电路。若输入的逻辑变量为 A 和 B，则通过或门输出的结果 F 可表示为

$$F = A \vee B$$

3）非门

如图 1-3 所示，非门是实现“非”运算的电路，又称反相器。它只有一个输入端和一个输出端。若输入的逻辑变量为 A，则通过非门输出的结果 F 可表示为

$$F = \overline{A}$$

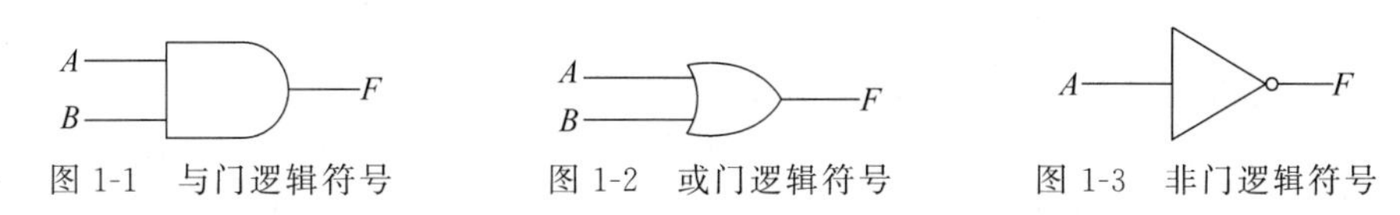

图 1-1　与门逻辑符号　　图 1-2　或门逻辑符号　　图 1-3　非门逻辑符号

4）异或门

如图 1-4 所示，异或门是实现异或运算的电路。

5）与非门

如图 1-5 所示，与非门是实现先“与”运算再“非”运算的电路。若输入的逻辑变量为 A 和 B，则通过与非门输出的结果 F 可表示为

$$F = \overline{A \wedge B}$$

6）或非门

如图 1-6 所示，或非门是先实现“或”运算再实现“非”运算的电路。若输入的逻辑变量为 A 和 B，则通过或非门输出的结果 F 可表示为

$$F = \overline{A \vee B}$$

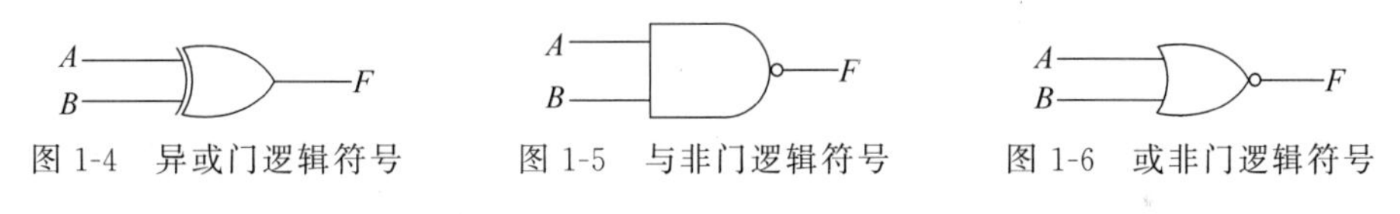

图 1-4　异或门逻辑符号　　图 1-5　与非门逻辑符号　　图 1-6　或非门逻辑符号

7）三态门

除了输出高、低电平外，还具有高输出阻抗的第三种状态，称为高阻态，又称禁止态。图 1-7 是低电平使能的三态门，其中 A 是输入端，F 是输出端，EN 是使能端。三态门常用于微处理器的总线传输。

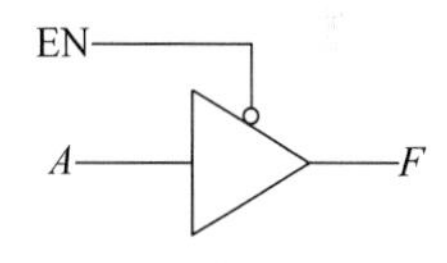

图 1-7　三态门逻辑符号

8. 编码

将人们常用的每个字母或符号统一分配一个二进制数，称为字符编码。ASCII 码、Unicode 码都是字符编码。

BCD(Binary Coded Decimal)码也是一种编码，但它不是用来显示或打印的编码。它是对十进制数进行编码，用二进制数表示十进制数。例如用 4 位二进制数表示 1 位十进制数。BCD 码有两种格式：压缩格式和非压缩格式。压缩 BCD 码用 1B 存储2 位十进制数。非压缩 BCD 码用 1B 存储 1 位十进制数，这种方式只使用低 4 位存储十进制数，高 4 位为 0。

1.2 习题解答

1. 微型计算机包括几部分？

解：微型计算机包括微处理器、存储器、输入输出和总线。

2. 计算机如何解决无符号数加减运算溢出问题？

解：微型计算机中，当无符号数加减运算中最高位向前有进位或借位时，就产生了溢出，使微处理器标志寄存器中的 CF 位置 1。利用 CF 位，通过编程可以矫正运算结果，还可以在 8 位的微处理器上实现 16 位、32 位、64 位甚至更多位的二进制数加减运算。

3. 计算机为什么使用补码表示带符号数？

解：在微型计算机中使用补码表示带符号数，符号位具有位权，可以将符号位和数值域统一处理；同时，根据补码运算规则，减法运算可以转换为加法运算，即加法和减法可以统一处理。

4. 如何判断补码运算是否溢出？

解：对于一个 n 位的补码，如果运算过程中，$C_{n-1} \oplus C_{n-2} = 1$，则运算结果产生溢出；如果 $C_{n-1} \oplus C_{n-2} = 0$，则运算结果没有溢出。微型计算机中，运算结果溢出，将使微处理器标志寄存器中的 OF 位置 1。

5. 将下列十进制数转换为二进制数、十六进制数。

① 23　② 51　③ 97　④ 109　⑤ 254　⑥ 185

解：① 23＝(00010111)B＝(17)H　② 51＝(00110011)B＝(33)H

③ 97＝(01100111)B＝(61)H　④ 109＝(01101101)B＝(6D)H

⑤ 254＝(11111110)B＝(FE)H　⑥ 185＝(10111001)B＝(B9)H

6. 将下列二进制数转换为十进制数。

① 10101101B　② 1010.11B　③ 111001.0011B　④ 10111001B

⑤ 111.01B　⑥ 10000000B

解：① 10101101B＝173　② 1010.11B＝10.75

③ 111001.0011B＝57.1875　④ 10111001B＝185

⑤ 111.01B＝7.25　⑥ 10000000B＝128

7. 将下列十进制数转换为十六进制数。

① 31　② 100　③ 211　④ 144　⑤ 212　⑥ 1000

解：① 31＝(1F)H　② 100＝(64)H

③ 211＝(D3)H　④ 144＝(90)H

⑤ 212＝(D4)H　⑥ 1000＝(3E8)H

8. 将下列十进制数转换为压缩 BCD 和非压缩 BCD 数。

① 99　② 51　③ 255　④800　⑤ 1000　⑥ 2000

解：① 99＝(1001 1001)BCD＝(00001001 00001001)BCD

② 51－(0101 0001)BCD＝(00000101 00000001)BCD

③ 255＝(0010 0101 0101)BCD＝(00000010 00000101 00000101)BCD

④ 800＝(1000 0000 0000)BCD＝(00001000 00000000 00000000)BCD

⑤ 1000＝(0001 0000 0000 0000)BCD

＝(00000001 00000000 00000000 00000000)BCD

⑥ 2000＝(0010 0000 0000 0000)BCD

＝(00000010 00000000 00000000 00000000)BCD

9. 求下列数的原码、反码和补码。

① －11010B　② ＋11011B　③ －127　④ －128　⑤ －51　⑥ ＋121

解：① －11010B 的原码为 10011010B，反码为 11100101B，补码为 11100110B。

② ＋11011B 的原码为 00011011B，反码为 00011011B 补码为 00011011B。

③ －127 的原码为 11111111B，反码为 10000000B，补码为 10000001B。

④ －128 8 位二进制数不能用原码或反码表示，其补码为 10000000B。

－128 16 位二进制数的原码为 1000000010000000B，反码为 1111111101111111B，补码为 1111111110000000B。

⑤ －51 的原码为 10110011B，反码为 11001100B，补码为 11001101B。

⑥ ＋121 的原码为 01111001B，反码为 01111001B，补码为 01111001B。

10. 将下列压缩 BCD 数转换为十进制数。

① (00110101)BCD　② (10011001)BCD　③ (10010011)BCD

④ (01010010)BCD　⑤ (01000111)BCD　⑥ (01100101)BCD＝65

解：① (00110101)BCD＝35　② (10011001)BCD＝99

③ (10010011)BCD＝93　④ (01010010)BCD＝52

⑤ (01000111)BCD＝47　⑥(01100101)BCD＝65

11. 将下列十进制数转换为单精度浮点数。

① 1.5　② －14.378　③ 100.125　④ 1.0

解：①1.5 转换为二进制为 1.1，标准形式为 1.1×2^0，单精度格式为 0 01111111 1000000 00000000 00000000。

② －14.378 转换为二进制为－1110.011，标准形式为-1.110011×2^3，单精度格式为 1 10000010 1100110 00000000 00000000。

③ 100.125 转换为二进制为 1100100.001，标准形式为 1.100100001×2^6，单精度格式为 0 10000101 1001000 01000000 00000000。

④ 1.0 转换为二进制为 1.0，标准形式为 1.0×2^0，单精度格式为 0 01111111 0000000 00000000 00000000 。

12. 已知 $X=51$，$Y=-86$，用补码完成下列运算，并判断是否产生溢出(设字长为 8 位)。

① $X+Y$　② $X-Y$　③ $-X+Y$　④ $-X-Y$

解：

$[X]_{补}=[51]_{补}=00110011$　$[Y]_{补}=[-86]_{补}=10101010$

$[-X]_{补}=11001101$　$[-Y]_{补}=01010110$

$[X+Y]_补=00110011+10101010=11011101$ ，$X+Y=-35$，因为 $C_6 \oplus C_7=0$，所以未产生溢出。

$[X-Y]_补=[X]_补+[-Y]_补=00110011+01010110=10001001$ ，$X-Y=-119$，因为 $C_6 \oplus C_7=1$，所以产生溢出。

$[-X+Y]_补=[-X]_补+[Y]_补=11001101+10101010=01110111$ ，$-X+Y=119$，因为 $C_6 \oplus C_7=1$，所以产生溢出。

$[-X-Y]_补=[-X]_补+[-Y]_补=11001101+01010110=00100011$ ，$X-Y=35$，因为 $C_6 \oplus C_7=0$，所以未产生溢出。

13. 将下列字符串转换为 ASCII。

```
'What is a Computer' '$'
```

解：字符串'What is a Computer' '$'对应的 ASCII 分别为 57H，68H，61H，74H，20H，69H，73H，20H，61H，20H，43H，6FH，6DH，70H，75H，74H，65H，72H，24H。

14. 若使与门的输出端输出高电平，则各输入端的状态是什么？

解：各输入端为高电平。

15. 若使与非门的输出端输出低电平，则各输入端的状态是什么？

解：各输入端为高电平。

第2章

8086/8088 微处理器

2.1 知识要点

1. 8086 与 8088 的主要区别

8086 与 8088 同属于第三代 16 位的微处理器。这两款微处理器的硬件结构没有太大的区别，主要区别是数据总线宽度，8086 的数据总线宽度为 16 位，而 8088 的数据总线宽度为 8 位。在内部结构上，两款微处理器都有指令队列，8086 的指令队列长度为 6B，而 8088 的指令队列长度为 4B。

2. 8088 微处理器的功能结构

8088 微处理器包含两大功能部件，即执行单元（Execution Unit，EU）和总线接口单元（Bus Interface Unit，BIU）。

执行单元的主要功能是译码分析指令、执行指令、暂存中间运算结果并保留结果特征。执行单元包括 EU 控制器，算术逻辑运算单元 ALU，通用寄存器组 AX、BX、CX、DX、SP、BP、DI、SI，暂存寄存器，状态标志寄存器 FLAGS 等部件，这些部件的宽度都是 16 位。执行单元通过 EU 控制器从指令队列中取出指令代码，并对指令进行译码，形成各种操作控制信号，控制 ALU 完成算术或逻辑运算，将运算结果的特征保存在 FLAGS 中，并控制其他各部件完成指令所规定的操作。如果指令队列为空，EU 就等待。

BIU 包括指令队列、地址加法器、段寄存器、指令指针寄存器和总线控制逻辑。BIU 负责 CPU 与内存或输入输出接口的信息传送，包括取指令、取操作数、保存运算结果。当 EU 从指令队列中取走指令，指令队列出现 2B 或 2B 以上的内存空间，且 EU 未向 BIU 申请读/写存储器操作数时，BIU 就顺序地预取后续指令代码，并填入指令队列中。在 EU 执行指令过程中，BIU 负责从指定的内存单元或外部设备读取 EU 需要的数据，并负责将 EU 运算结果存储到存储器。当 EU 执行跳转指令时，BIU 使指令队列复位，并立即从新地址取出指令传送给 EU 执行，然后读取后续的指令代码填满指令队列。

3. 指令流水线

在 8086/8088 CPU 中，EU 和 BIU 两部分按流水线方式工作：EU 从 BIU 的指令队列中取指令并执行指令；在 EU 执行指令期间，BIU 可以取指令并放在指令队列中。EU 执行指令和 BIU 取指令同时进行，节省了 CPU 访问内存的时间，加快了程序的运行速度。

8086/8088 CPU 采用指令流水线技术，EU 和 BIU 与指令队列协同工作，实现指令的并行执行，提高了 CPU 的利用率，同时降低了 CPU 对存储器存取速度的要求。

4. 8088 微处理器的引脚定义

$AD_0 \sim AD_7$：8088 CPU 地址/数据分时复用总线（Address/Data bus），双向，三态。

$A_8 \sim A_{15}$：8 位地址信号，输出，三态。在整个总线周期内提供存储器高 8 位地址。

$A_{16}/S_3 \sim A_{19}/S_6$：分时复用地址/状态总线（Address/Status bus），输出，三态。提供地址信号 $A_{16} \sim A_{19}$ 及状态位 $S_3 \sim S_6$。

INTR：中断请求（Interrupt Request）信号，输入，用于申请一个硬件中断。当 IF＝1 时，若 INTR 保持高电平，则 8088 CPU 在当前指令执行完毕后就进入中断响应周期（$\overline{\text{INTA}}$变为有效）。

NMI：非屏蔽中断（Non-Maskable Interrupt）输入信号。与 INTR 信号类似，但 NMI 中断不必检查 IF 标志位是否为 1。

I/O：输出，三态。该引脚选择存储器或 I/O 端口，即微处理器地址总线是存储器地址还是 I/O 端口地址。

$\overline{\text{RD}}$：读信号，输出，三态。当它为低电平时，CPU 通过数据总线接收来自存储器或 I/O 设备的数据。

$\overline{\text{WR}}$：写选通信号，输出，三态。指示 8086/8088 CPU 正在输出数据给存储器或 I/O 设备。在$\overline{\text{WR}}$为低电平期间，数据总线包含给存储器或 I/O 设备的有效数据。

$\overline{\text{INTA}}$：中断响应（Interrupt Acknowledge）信号，输出，响应 INTR 输入。该引脚常用于选通中断向量码以响应中断请求。

5. 最小模式下系统总线的形成

8088 CPU 在最小模式工作时，系统所有控制信号由 CPU 自身产生。最小模式系统总线包括数据总线 $D_0 \sim D_7$、地址总线 $A_0 \sim A_{19}$，主要的控制信号有$\overline{\text{RD}}$、$\overline{\text{WR}}$、$\text{IO}/\overline{\text{M}}$和$\overline{\text{INTA}}$。

6. 最大模式下系统总线的形成

8088 CPU 在最大模式工作时，系统的一些控制信号由总线控制器 8288 产生。最大模式下系统总线包括数据总线 $D_0 \sim D_7$、地址总线 $A_0 \sim A_{19}$，主要的控制信号有$\overline{\text{MEMR}}$、$\overline{\text{MEMW}}$、$\overline{\text{IOR}}$、$\overline{\text{IOW}}$、$\overline{\text{INTA}}$。

最大模式仅用在系统包含 8087 算术协处理器的情况。

7. 8088 CPU 的存储器组织

8088 CPU 有 20 根地址线，可寻址的最大内存空间为 $2^{20}=1$MB，地址范围为 00000H～FFFFFH。每个存储单元对应一个 20 位的地址，这个地址称为存储单元的物理地址。每个存储单元都有唯一的一个物理地址。

8088 CPU 将可直接寻址的 1MB 内存空间划分成一些连续的区域，称为段。每段的长度最大为 64KB，并要求段的起始地址必须能被 16 整除，形式如 XXXX0H。8088 将 XXXXH 称为段基址，存储在段寄存器 CS、DS、SS、ES 中。段基址决定了该段在 1MB 内存空间中的位置。段内各存储单元地址相对于该段起始单元地址的位移量称为段内偏移量。段内偏移量从 0 开始，取值范围为 0000H～FFFFH。

分段管理要求每个段都由连续的存储单元构成，并且能够独立寻址，而且段和段之间允许重叠。根据 8088 CPU 分段的原则，1MB 的存储空间中有 $2^{16}=64$K 个地址符合要求，这使得理论上程序可以位于存储空间的任何位置。

程序中使用的存储器地址由段基址和段内偏移地址组成，这种在程序中使用的地址称为逻辑地址。逻辑地址通常写作 XXXXH:YYYYH 的形式，其中 XXXXH 为段基址，YYYYH 为段内偏移地址。段基址和段内偏移地址与物理地址之间的关系为

$$物理地址=段基址\times 10H+段内偏移地址$$

段基址乘以 10H 相当于把 16 位的段基址左移 4 位，然后再与段内偏移地址相加就得到物理地址。例如，逻辑地址 A562H:9236H 对应的物理地址是 AE856H。

$$A562H\times 10H=A5620H$$

$$A5620H+9236H=AE856H$$

8. 8088 CPU 的编程结构

8088 CPU 含有 14 个 16 位寄存器，按功能可以分为三类：通用寄存器、段寄存器和控制寄存器。

AX、BX、CX、DX、SP、BP、SI 和 DI 是 8 个 16 位的通用寄存器，这些寄存器都可以用来存放 16 位的二进制数。每一个 AX、BX、CX 和 DX 寄存器又可以分为 2 个 8 位的寄存器，它们可以单独用来处理字节类型的数据。通用寄存器一般用于存放参与运算的数据或保存运算结果。

段寄存器 CS、DS、SS 和 ES 用于存放段基址，即段起始地址的高 16 位二进制数。

控制寄存器包括指令指针寄存器 IP 和状态标志寄存器 FLAGS。

FLAGS 称为标志寄存器或程序状态字(Program Status Word，PSW)。标志寄存器是一个 16 位的寄存器，8088 CPU 只使用了其中 9 位，分为两类：一类是状态标志，反映指令执行结果的特征，共有 6 位；另一类是控制标志，用于控制微处理器的操作，共有 3 位。

2.2 习题解答

1. 8086/8088CPU 由哪两大功能部分组成？简述它们的主要功能。

解：8086/8088CPU 由 EU 和 BIU 两大功能部分组成。

执行单元(EU)的主要功能是译码分析指令、执行指令、暂存中间运算结果并保留结果特征。

总线接口单元(BIU)负责 CPU 与内存或输入/输出接口的信息传送，包括取指令、取操作数、保存运算结果。

2. 8088 和 8086 的指令预取队列的长度分别是多少？

解：8088 的指令预取队列的长度为 4B；8086 的指令预取队列的长度为 6B。

3. 8086/8088 的地址线有多少根？可以寻址的存储空间是多少？

解：8088 有 20 根地址线，可寻址的最大内存空间为 $2^{20}=1MB$，地址范围为 00000H～FFFFFH。

4. 8088 有多少根数据线？把 AX 寄存器的内容存储到内存中需要几个总线周期？

解：8088 有 8 根数据线，AX 是 16 位的寄存器，把 AX 寄存器的内容存储到内存中需要 2 个总线周期。

5. 8088 一个标准总线周期包含几个时钟周期？以 5MHz 时钟工作时，一个标准的总线周期是多少？

解：8088 一个标准总线周期包含 4 个时钟周期。以 5MHz 时钟工作时，时钟周期是 200ns，一个标准的总线周期是 800ns。

6. $IO/\overline{M}$信号的作用是什么？

解：如果 $IO/\overline{M}$信号为高电平，表明 CPU 正在进行输入输出操作。如果 $IO/\overline{M}$信号为低电平，表明 CPU 正在与内存储器进行信息交换。

7. 8088CPU 送出地址信号的时候，还需要送出什么信号配合工作？

解：8088CPU 送出地址信号的时候，还需要送出 ALE 地址锁存信号。

8. 8088CPU 通过哪些引脚接收外部中断？

解：可屏蔽中断请求(interrupt request)信号通过 INTR 引脚输入 CPU，$\overline{INTA}$引脚是中断应答信号。非屏蔽中断(non-maskable interrupt)通过 NMI 引脚输入信号，它不需要应答信号。

9. 8088CPU 读写内存需要使用哪些控制信号？

解：$\overline{RD}$读信号，三态输出，当它为低电平时，CPU 通过数据总线接收来自存储器或 I/O 设备的数据。$\overline{WR}$写选通信号，三态输出，指示 8086/8088 正在输出数据给存储器或 I/O 设备。

10. 8088CPU 在写周期里，送出数据信号的时候，还需要送出什么信号配合工作？

解：8088CPU 在写周期里，送出数据信号的时候，还需要送出$\overline{WR}$控制信号。

11. 8086/8088CPU 为什么要分段寻址？分段的方法是什么？

解：8088/8086CPU 内部寄存器最大只能存储 16 位的二进制数，单独一个寄存器不能管理 1MB 的存储空间，需要进行分段管理。8088 将可直接寻址的 1MB 内存空间划分为一些连续的区域，称为段。每段的长度最大为 64KB，并要求段的起始地址必须能被 16 整除，形式如 XXXX0H。段内各存储单元地址相对于该段起始单元地址的位移量称为段内偏移量（或段内偏移地址）。

分段管理要求每个段都由连续的存储单元构成，并且能够独立寻址，而且段和段之间允许重叠。

12. 8086/8088 段寄存器中存储什么信息？

解：8088 有 4 个段寄存器 CS、DS、SS、ES，其中 CS 是存储代码段的段基址，DS 是存储数据段的段基址，SS 是存储堆栈段的段基址，ES 是存储附加数据段的段基址。

13. 指令指针是哪个寄存器？堆栈指针是哪个寄存器？

解：指令指针是 IP 寄存器，堆栈指针是 SP 寄存器。

14. 哪个寄存器常用作计数器？

解：CX 寄存器常用作计数器。

15. 堆栈段由谁存储段基址？谁作为堆栈指针？

解：SS 存储堆栈段段基址，SP 作为堆栈段指针。

16. 给出下列寄存器组合表达的存储单元物理地址。

① CS＝1000H，SI＝102H　　② DS＝2000H，DI＝307H

③ SS＝2300H，SP＝100H　　④ DS＝1234H，SI＝19H

⑤ SS＝E000H，BP＝3200H　　⑥ DS＝AB00H，IP＝A000H

解：① CS＝1000H，IP＝102H　　10102H

② DS＝2000H，DI＝307H　　20307H

③ SS＝2300H，SP＝100H　　23100H

④ DS＝1234H，SI＝19H　　12359H

⑤ SS＝E000H，BP＝3200H　　E3200H

⑥ DS＝AB00H，SI＝A000H　　5B5000H

17. 逻辑地址如何转换成物理地址？已知逻辑地址 2D1EH:35B8H，对应的物理地址是多少？

解：物理地址＝段基址×16＋段内偏移量（或段内偏移地址）

逻辑地址 2D1EH：35B8H 对应的物理地址＝2D1EH×16＋35B8H＝30798H

18. 8086/8088CPU 内部的状态标志寄存器共有几个控制标志位？各位的含义是什么？

解：3 个控制标志位，分别是 DF 方向标志、IF 中断允许标志、TF 单步中断标志。

19. 8086/8088CPU 内部的状态标志寄存器共有几个状态标志位？ZF 的含义是什么？

解：6 个状态标志位，ZF 标志位为 1 表明运算结果为 0，否则运算结果不为 0。

20. 当 ALE 有效时，8088 的地址/数据总线上将出现什么信息？

解：当 ALE 有效时，8088 的地址/数据总线上将出现地址信息。

21. READY 引脚的作用是什么？

解：READY 用于在微处理器时序中插入等待状态。若该引脚被置为低电平，则微处理器进入等待状态并保持空闲；若该引脚被置为高电平，则它对微处理器的操作不产生影响。CPU 在读、写操作时序中的 T3 时钟周期开始处，通过检测 READY 引脚的状态来决定是否插入 T_W 等待时钟周期，以解决 CPU 与存储器或 I/O 接口之间速度不匹配的矛盾。

22. RESET 信号的作用是什么？

解：RESET 信号使 CPU 复位，主板上其他部件复位，计算机热启动。

23. 8088 在最大模式下工作包含哪些读写控制信号？

解：最大模式下包含的读写控制信号有：$\overline{MEMR}$、$\overline{MEMW}$、$\overline{IOR}$、$\overline{IOW}$等。

24. 8088 在最小模式下工作包含哪些读写控制信号？

解：最小模式下包含的读写控制信号有：$\overline{RD}$、$\overline{WR}$、IO/$\overline{M}$等。

25. 若 CS=4000H，则当前代码段可寻址的存储空间范围是多少？

解：CS=4000H 时，当前代码段可寻址的存储空间范围为 40000H～4FFFFH。

第3章

8086/8088 指令系统

3.1 知 识 要 点

1. 8086 CPU 寻址方式

操作数的寻址方式是指获得指令中操作数地址即段内偏移地址的方法。

(1) 立即寻址：操作数是立即数。

(2) 直接寻址：操作数在内存中，指令中直接给出操作数所在的内存单元的偏移地址。

(3) 寄存器寻址：操作数在 CPU 内部的寄存器中。

(4) 寄存器间接寻址：操作数在内存中，内存单元的偏移地址存放在寄存器中。

(5) 寄存器相对寻址：操作数在内存中，内存单元的偏移地址一部分由间接寻址寄存器提供，另一部分是指令给定的 8 位或 16 位地址位移量，二者相加形成操作数的有效地址。

(6) 基址变址寻址：操作数在内存中，基址寄存器和变址寄存器相加作为操作数的偏移地址。

(7) 基址变址相对寻址：操作数在内存中，操作数的地址由基址寄存器加上变址寄存器再加上地址位移量构成。

(8) 隐含寻址：操作码隐含地指明操作数的地址。

2. 8086 CPU 指令系统

8086 CPU 的主要指令如表 3-1 所示。

表 3-1 8086 CPU 的主要指令

指令类型		助记符
数据传送	一般数据传送	MOV, PUSH, XCHG, XLAT, CBW, CWD
	输入/输出指令	IN, OUT
	地址传送指令	LEA, LDS, LES
	标志传送指令	LAHF, SAHF, PUSHF, POPF

续表

指令类型		助记符
算术运算	加法指令	ADD，ADC，INC
	减法指令	SUB，SBB，DEC，NEG，CMP
	乘法指令	MUL，IMUL
	除法指令	DIV，IDIV
	十进制调整指令	DAA，AAA，DAS，AAS，AAM，AAD
逻辑运算和移位指令		AND，OR，NOT，XOR，TEST，SHL，SAL，SHR，SAR，ROL，ROR，RCL
串操作		MOVS，CMPS，SCAS，LODS，STOS
控制转移指令		JMP，CALL，RET，LOOPE，INT，INTO，IRET 各类条件转移指令
处理器控制指令		CLC,STC,CMC,CLD,STD,CLI,STI,HLT,WAIT,ESC,LOCK,NOP

3.2 习题解答

1. 什么叫寻址方式？8086 指令系统中有哪几种寻址方式？

解：寻址方式，即获得地址的方法，主要指获得段内偏移地址的方法。寻址方式共有 8 种：立即寻址、直接寻址、寄存器寻址、寄存器间接寻址、寄存器相对寻址、基址变址寻址、基址变址相对寻址、隐含寻址。

2. 存储器寻址可用的寻址方式有哪几种？

解：存储器寻址可以使用 5 种寻址方式，即直接寻址、寄存器间接寻址、寄存器相对寻址、基址变址寻址、基址变址相对寻址。

3. 指令中[ ]的作用是什么？

解：指令中[ ]表示地址。

4. 寄存器寻址可以使用的 8 位寄存器有哪些？

解：AL、BL、CL、DL、AH、BH、CH、DH。

5. 寄存器寻址可以使用的 16 位寄存器有哪些？

解：AX、BX、CX、DX、BP、SP、SI、DI、CS、DS、ES、SS。

6. 寄存器间接寻址可以使用的寄存器有哪些？

解：SI、DI、BX、BP。

7. 寄存器间接寻址方式中默认段寄存器是什么？

解：SI、DI、BX 寄存器间接寻址时，默认段寄存器为 DS。BP 寄存器间接寻址时，默认段寄存器为 SS。

8. BUFF 为字节类型变量，DATA 为常量，指出下列指令中源操作数的寻址方式。

(1) MOV AX，1200；

(2) MOV AL, BUFF;
(3) SUB BX, [2000H];
(4) MOV CX, [SI];
(5) MOV DX, DATA[SI];
(6) MOV BL, [SI][BX];
(7) MOV [DI], AX;
(8) ADD AX, DATA[DI+BP];
(9) PUSHF;
(10) MOV BX, ES:[SI];

解：

```
(1) MOV AX, 1200                ;立即寻址
(2) MOV AL, BUFF                ;直接寻址
(3) SUB BX, [2000H]             ;直接寻址
(4) MOV CX, [SI]                ;寄存器间接寻址
(5) MOV DX, DATA[SI]            ;寄存器相对寻址
(6) MOV BL, [SI][BX]            ;基址变址寻址
(7) MOV [DI], AX                ;寄存器寻址
(8) ADD AX, DATA[DI+BP]         ;基址变址相对寻址
(9) PUSHF                       ;隐含寻址
(10) MOV BX, ES:[SI]            ;寄存器间接寻址
```

9. 指出下列指令的错误并改正。

```
(1) MOV  DS, 1200
(2) MOV  AL, BX
(3) SUB  33H, AL
(4) PUSH  AL
(5) INC  [BX]
(6) MOV  [BX], [SI]
(7) MOV  [DI], 3
(8) ADD  AX, ES:[CX]
(9) JMP  BYTE PTR[SI]
(10) OUT  3F8H, AL
```

解：

(1)

```
MOV  DS, 1200                   ;不能用立即数给段基址寄存器赋值
```

可改为两条指令：

```
MOV  AX, 1200
MOV  DS, AX
```

(2)

```
MOV  AL, BX                              ;操作数类型不一致
```

可根据实际问题改为：

```
MOV AL, BL  或  MOV AX, BX
```

(3)

```
SUB  33H, AL                             ;立即数不能作为目的操作数
```

可改为两条指令：

```
MOV  AH, 33H
SUB  AH, AL
```

(4)

```
PUSH  AL                                 ;压栈指令的操作数必须是字类型
```

可改为

```
PUSH  AX
```

(5)

```
INC  [BX]                                ;操作数存在二异性
```

可改为：

```
INC BYTE PTR [BX]  或者  INC WORD PTR[BX]
```

(6)

```
MOV  [BX], [SI]                          ;源操作数和目的操作数不能同时为内存操作数
```

可改为两条指令：

```
MOV  AX, [SI]
MOV  [BX], AX
```

(7)

```
MOV  [DI], 3                             ;操作数存在二义性
```

可改为：

```
MOV  BYTE PTR [DI], 3  或者  MOV  WORD PTR [DI], 3
```

(8)

```
ADD  AX, ES:[CX]                         ;CX不能做间址寄存器使用
```

可改为：

```
ADD AX, ES:[SI]
```

(9)

```
JMP  BYTE PTR[SI]                    ;操作数必须是字类型
```

可改为：

```
JMP  WORD PTR[SI]
```

(10)

```
OUT  3F8H, AL                        ;16位的端口地址不能直接在输入输出指令中
使用
```

可改为两指令：

```
MOV  DX, 03F8H
OUT  DX, AL
```

10. 根据要求写出一条(或几条)汇编语言指令。

(1) 将立即数12送入寄存器BL。

(2) 将立即数4000H送入段寄存器DS。

(3) 将DI的内容存入数据段中偏移地址2000H的存储单元。

(4) 把数据段中2000H存储单元的内容送段寄存器ES。

(5) 将立即数3DH与AL相加,结果送回AL。

(6) 把BX与CX寄存器内容相加,结果送回BX。

(7) 比较AL的内容与0FFH是否相等,相等就转移到NEXT处执行。

(8) 寄存器BL中的低4位内容保持不变,其他位按位取反,结果仍在BL中。

(9) 实现AX与－128的乘积运算。

(10) 实现AX中高、低8位内容的交换。

(11) 将AL中D_7位置1,其余位保持不变。

(12) 置位DF、IF、CF。

解：(1) 将立即数12送入寄存器BL。

```
MOV  BL, 12
```

(2) 将立即数4000H送入段寄存器DS。

```
MOV  AX, 4000H
MOV  DS, AX
```

(3) 将DI的内容存入数据段中偏移地址2000H的存储单元。

```
MOV  [2000H], DI
```

(4) 把数据段中2000H存储单元的内容送段寄存器ES。

```
MOV  AX,[2000H]
```

```
MOV  ES,AX
```

(5) 将立即数 3DH 与 AL 相加,结果送回 AL。

```
ADD  AL,3DH
```

(6) 把 BX 与 CX 寄存器内容相加,结果送回 BX。

```
ADD  BX,CX
```

(7) 比较 AL 的内容与 0FFH 是否相等,相等就转移到 NEXT 处执行。

```
CMP  AL, 0FFH
JE  NEXT
```

(8) 寄存器 BL 中的低 4 位内容保持不变,其他位按位取反,结果仍在 BL 中。

```
MOV  AL,BL
AND  BL, 0FH
NOT  AL
AND  AL, 0F0H
OR  BL,AL
```

(9) 实现 AX 与 -128 的乘积运算。

```
MOV  BX, -128
IMUL  BX
```

(10) 实现 AX 中高、低 8 位内容的交换。

```
MOV  BX, AX
MOV  AL, BH
MOV  AH, BL
```

(11) 将 AL 中 D_7 位置 1,其余位保持不变。

```
ORAL, 80H
```

(12) 置位 DF、IF、CF。

```
STD
STI
STC
```

11. 设 SS=2000H,SP=1000H,SI=2300H,DI=7800H,BX=9A00H。说明执行下列每条指令后,堆栈内容的变化和堆栈指针的值。

```
PUSH  SI
PUSH  DI
POP  BX
```

解：

```
执行 PUSH  SI 后:
(0FFFH)=23H
(0FFEH)=00H
SP=0FFEH

执行 PUSH  DI 后:
(0FFDH)=78H
(0FFCH)=00H
SP=0FFCH

执行 POP  BX 后:
BX=7800H
SP=0FFEH
```

12. 内存中 18FC0H、18FC1H、18FC2H 单元的内容分别为 23H、55H、5AH，DS－1000H，BX－8FC0H，SI＝1，执行下列两条指令后 AX 和 DX 的值是什么？

```
MOV  AX, [BX+SI]
LEA  DX, [BX+SI]
```

解：

```
AX=5A55H
DX=8FC1H
```

13. 设 AX＝1001H，DX＝20FFH，执行 ADD AX，DX 指令后，说明 FLAGS 中 6 个状态标志位的值。

解：CF＝0，PF＝1，AF＝1，ZF＝0，SF＝0，OF＝0。

14. 回答下列问题：

（1）设 AL＝7FH，执行 CBW 指令后，AX＝？

（2）设 AX＝8A9CH，执行 CWD 指令后，AX＝？ DX＝？

解：

（1）设 AL＝7FH，执行 CBW 指令后，AX＝007FH。

（2）设 AX＝8A9CH，执行 CWD 指令后，AX＝8A9CH，DX＝FFFFH。

15. 执行以下两条指令后，FLAGS 的 6 个状态标志位的值是什么？

```
MOV  AX, 847BH
ADD  AX, 9438H
```

解：CF＝1，PF＝0，AF＝1，ZF＝0，SF＝0，OF＝1。

16. 说明 SUB 与 CMP 指令的区别。

解：SUB 执行减法运算，结果回送到目的操作数。CMP 执行减法操作，但是结果不回送，指令执行结束后，源操作数和目的操作数保持不变。

17. 当两个 8 位数相乘时，乘积放在哪里？

解：乘积在 AX 中。

18. 当两个 16 位数相乘时，乘积在哪里？

解：乘积在 DX:AX 中，AX 是乘积的低 16 位，DX 是乘积的高 16 位。

19. 当除数是 8 位数时，商和余数存在哪里？

解：商在 AL 中，余数在 AH 中。

20. 当除数是 16 位数时，商和余数存在哪里？

解：商在 AX 中，余数在 DX 中。

21. 设计几条指令，累加 AL、BL、CL、DL 的内容，结果存入 AH。

解：

```
ADD  AL,BL
ADD  AL,CL
ADD  AL,DL
MOV  AH,AL
```

22. 设计几条指令，从 DX 中减去 AX、BX、CX 的内容。

解：

```
SUB  DX,AX
SUB  DX,BX
SUB  DX,CX
```

23. 设计几条指令，用 AL 除以 BL，结果乘以 2，存入 DL 中。

解：

```
MOV  AH,0
DIV  BL
SHL  AL,1
MOV  DL,AL
```

24. 设计几条指令，将 DL 中高三位清 0，其他位保持不变。

解：

```
AND  DL, 00011111B
```

25. 设计几条指令，将 DH 中低三位置 1，其他位保持不变。

解：

```
OR  DH, 00000111B
```

26. 说明 AND 与 TEST 指令的区别。

解：AND 执行与运算后，结果回送给目的操作数；TEST 执行与运算后，结果不回送。

27. 设计几条指令，测试 BL 的第 2 位，为 1 转 WAIT，为 0 则顺序执行。

解：

```
    TEST  BL, 00000100B
    JNZ  WAIT
    ……
WAIT: ……
```

28. 串操作指令中,SI 指向哪个段？DI 指向哪个段？

解：SI 指向 DS 段中的数据串,DI 指向 ES 段中的数据串。

29. 下面程序段将 03E8H 转换成十进制数,存放在 2000H 开始的存储区中,每位十进制数占用一字节。填写指令后的空格。

```
      MOV  AX  03E8H          ;AH= 03 , AL= E8H
      MOV  CX, 1              ;十进制数位数
      MOV  DI, 2000H          ;DI= 2000H
      MOV  BX, 10             ;BH= 0 , BL= 0AH
GO0:  SUB  DX, DX             ;CF= 0 , ZF= 1
      DIV  BX                 ;AX= 64H, 0AH, 01H , DX= 0, 0, 0
      MOV  [DI], DL           ;[DI]= 0, 0, 0
      INC  DI
      INC  CX                 ;十进制数的位数
      CMP  AX, 10
      JNC  GO0
      MOV  [DI], AL           ;十进制数的最高位
```

30. 用串操作指令替换以下程序段。

```
ABC: MOV  AL, [SI]
     MOV  ES:[DI], AL
     INC  SI
     INC  DI
     LOOP  ABC
```

解：

```
REP  MOVSB
```

31. 设 AL＝AAH,顺序执行下列各条指令,填写空格。

(1) XOR AL, 0FFH   ;AL=55H

(2) AND AL, 0A0H   ;AL=A0H

(3) OR AL, C9H   ;AX=EBH

(4) TEST AL, 04H   ;AX=AAH

32. 试写出执行下列 3 条指令后 BX 寄存器的内容。

```
MOV  CL, 2
MOV  BX, CO2DH
SHR BX, CL
```

解：

BX=300BH

33. 数据块 STR1 与数据块 STR2 的数据相加，结果存入 STR2 中，请将程序补充完整。

```
    MOV  SI, OFFSET  STR1
    MOV  DI, OFFSET  STR2
    MOV  CX, 100
    CLD
GO: ____
    ADD  AX, ES:[DI]
    STOSW
    LOOP  GO
```

34. 逐行解释下面的程序。

```
    LEA  SI, LIST;
    MOV  CX, 100;
    MOV  AL,07H;
    CLD;
    REPNE  SCASB;
    JCXZ  NO;
    STC;
NO: CLC;
```

解：

```
    LEA  SI, LIST          ;为 LIST 设置指针
    MOV  CX, 100           ;计数器 CX 置初值
    MOV  AL,07H            ;AL= 7
    CLD                    ;DF= 0
    REPNE  SCASB           ;在 LIST 中查找 7
    JCXZ  NO               ;没找到，转 NO
    STC                    ;找到了，CF 置 1
NO: CLC                    ;没找到，CF 置 0
```

35. 设计几条指令，累加 BX、BP、SI、DI 的内容，结果存入 AX。

解：

```
ADD  AX,BX
ADD  AX,BP
ADD  AX,SI
ADD  AX,DI
```

36. 编写程序段，实现下述要求：

(1) 使 AX 寄存器的低 4 位清 0，其余位不变。

(2) 使 BX 寄存器的低 4 位置 1，其余位不变。

(3) 测试 AX 的第 0 位和第 4 位,两位都是 1 时将 AL 清 0。
(4) 测试 AX 的第 0 位和第 4 位,两位中有一个为 1 时将 AL 清 0。
解:(1) 使 AX 寄存器的低 4 位清 0,其余位不变。

```
AND  AX, 0FFF0H
```

(2) 使 BX 寄存器的低 4 位置 1,其余位不变。

```
OR  AX, 0FH
```

(3) 测试 AX 的第 0 位和第 4 位,两位都是 1 时将 AL 清 0。

```
    TEST  AX,01H
    JZ  AA
    TEST  AX,10H
    JZ  AA
    MOV  AL,0
    HLT
AA: ……
```

(4) 测试 AX 的第 0 位和第 4 位,两位中有一个为 1 时将 AL 清 0。
解:

```
    TEST  AX, 11H
    JZ  AA
    MOV  AL,0
AA: ……
```

37. 编写程序段,完成把 AX 中的十六进制数转换为 ASCII 码,并将对应的 ASCII 码依次存入 MEM 开始的存储单元中。例如,当 AX 的内容为 37B6H 时,MEM 开始的 4 个单元的内容依次为 33H,37H,42H,36H。

解:

```
    MOV CX,4
    LEA SI,MEM
    ADD SI,3              ;SI 指向 MEM+3
CC: MOV BX,AX             ;保存原始数据
    AND AX, 000FH         ;取个位数
    CMP AL, 9
    JA   AA               ;在 A~B 之间仅加 37H
    ADD AL,30H            ;在 0~9 之间仅加 30H
    JMP  BB
AA: ADD AL,37H
BB: MOV [SI],AL           ;保存 ASCII 值
    DEC SI
    PUSH CX
    MOV AX,BX
    MOV CL,4
```

```
    SHR AX,CL                 ;准备取下一个数
    POP CX
    LOOP  CC
```

38. 编写程序段,求从 TABLE 开始的 10 个无符号数的和,结果放在 SUM 单元中。

解:

```
      LEA SI,TABLE
      MOV CX,10
      XOR AX,AX
NEXT: ADD AL,[SI]
      ADC AH,0
      INC SI
      LOOP NEXT
      MOV SUM,AX
```

39. 编写程序段,从键盘上输入字符串'HELLO',并在串尾加结束标志'$'。

解:

```
LEA  DX,STRING            ;设置字符串存放缓冲区首地址
MOV  AH ,0AH              ;调用 10 号功能,输入字符串
INT  21H
MOV  CL,STRING+1          ;实际输入的字符个数送 CL
XOR  CH,CH
ADD  DX,2
ADD  DX,CX                ;得到字符串尾地址
MOV  BX,DX
MOV  BYTE  PTR[BX],'$'
```

40. 编写程序段,在屏幕上依次显示 1、2、3、A、B、C。

解:

```
     LEA BX,STR           ;STR 为 6 个字符的存放区域首地址
     MOV CX,6
LPP: MOV AH,2
     MOV DL,[BX]
     INC BX
     INT 21H              ;利用 2 号功能调用依次显示 6 个字符
     LOOP LPP
```

41. 编写程序段,把内存中首地址为 MEM1 的 200B 送到首地址为 MEM2 的区域。

解:

```
MOV  AX,SEG MEM1
MOV  DS,AX                ;设定源串段地址
MOV  AX,SEG MEM2
MOV  ES,AX                ;设定目的串段地址
MOV  SI,0                 ;设定源串偏移地址
```

```
MOV  DI,0                ;设定目的串偏移地址
MOV  CX,200              ;串长度送 CX
CLD                      ;(DF)=0,使地址指针按增量方向修改
REP  MOVSB               ;每次传送 1B,并自动
HLT
```

42. 编写程序段,以 4000H 为起始地址的 32 个单元中存有 32 个有符号数,统计其中负数的个数,并将统计结果保存在 BUFFER 单元中。

解:

```
START: MOV DI,OFFSET BUFFER
       XOR AL,AL
       MOV [DI],AL
       MOV SI,4000H
       MOV CX,32
AA:    MOV AL,[SI]
       OR AL,AL
       JNS X1
       INC [DI]
X1:    INC SI
NEXT:  LOOP AA
       HLT
```

3.3 Debug 使用实验

Debug 是 DOS、Windows XP 都提供的程序调试工具,在 64 位机上需要安装 DOSbox 虚拟一个 DOS 环境使用。使用 Debug 可以查看 CPU 内各寄存器、内存单元的内容,或进行机器代码级跟踪调试程序。

汇编程序中的错误一般分为两类,一类是语法错误,另一类是逻辑错误。汇编语言源程序在编译时,编译工具会指出语法错误;如果编译通过但是执行结果不正确,说明程序中含有逻辑错误。要确定逻辑错误的位置,常用的办法是逐行检查程序,逐条执行指令,查看变量和寄存器的值是否与预期的值一致,这需要借助调试工具完成。Debug 是最常用的可执行程序调试工具,熟练掌握 Debug 将使以后的程序调试直指问题核心。

1. 启动 Debug

如图 3-1 所示,在命令提示符窗口中输入 debug,并按 Enter 键。

在 Debug 程序调入后,出现提示符“—”,此时可输入 debug 命令。

Debug 有两种调用方式:

• 格式:debug

Debug 后面没有参数,用于调试短小的程序。在 Debug 内即时输入可执行的汇编指令,并调试。

• 格式:debug　xx.exe

图 3-1　启动 Debug

启动 Debug 并把指定文件装入内存。xx.exe 为 Debug 要调试的可执行程序名。xx.exe 在内存中存放位置的段基址为 CS 的值，偏移地址为 0。

2. Debug 常用命令集

启动 Debug 后，在提示符后输入"?"，显示 Debug 中全部可用的命令及命令格式，如图 3-2 所示。

```
C:\WINDOWS\system32\cmd.exe - debug
-?
assemble      A [address]
compare       C range address
dump          D [range]
enter         E address [list]
fill          F range list
go            G [=address] [addresses]
hex           H value1 value2
input         I port
load          L [address] [drive] [firstsector] [number]
move          M range address
name          N [pathname] [arglist]
output        O port byte
proceed       P [=address] [number]
quit          Q
register      R [register]
search        S range list
trace         T [=address] [value]
unassemble    U [range]
write         W [address] [drive] [firstsector] [number]
allocate expanded memory        XA [#pages]
deallocate expanded memory      XD [handle]
map expanded memory pages       XM [Lpage] [Ppage] [handle]
display expanded memory status  XS
-
```

图 3-2　Debug 中包含的命令

下面介绍几个常用的命令。

(1) 汇编命令(Assemble)：a。

汇编命令有以下两种格式：

```
_a                         ;从上次结束的地方开始输入汇编指令
_a   开始地址               ;从指定地址开始输入汇编指令
```

图 3-3 表示从 CS:0014 处开始输入汇编指令。

如果启动 Debug 时没有附带可执行程序，则使用不带参数的 A 命令，汇编指令的存放地址为 100H，如图 3-4 所示。

```
_a                         ;利用 a 命令输入汇编指令，指令的起始存放地址为 100H
```

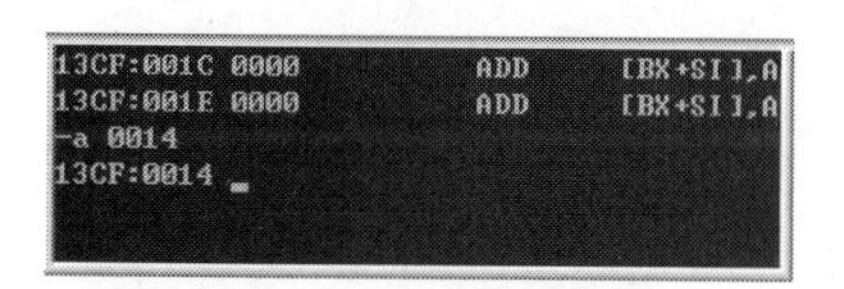

图 3-3　汇编命令

图 3-4　汇编指令起始地址

(2) 显示内存命令：d(Dump)。

格式：

```
d  [address]或 d  [range]     ;以十六进制数显示指定的内存信息
```

例如：

```
_d                         ;从上次结束的地方开始显示
_d 开始地址                 ;从指定地址开始显示
_d 开始地址 结束地址         ;显示指定区域
_d 开始地址   字节数         ;从指定地址开始显示指定的字节数
```

如图 3-5 所示，输入_d　0　ff 命令，从 13BF:0000 开始显示 256 个内存单元的内容。

```
-d 0 ff
13BF:0000  CD 20 FF 9F 00 9A F0 FE-1D F0 4F 03 D9 0D 8A 03
13BF:0010  D9 0D 17 03 D9 0D C8 0D-01 01 01 00 02 FF FF FF
13BF:0020  FF FF FF FF FF FF FF FF-FF FF FF FF 86 13 4C 01
13BF:0030  99 12 14 00 18 00 BF 13-FF FF FF FF 00 00 00 00
13BF:0040  05 00 00 00 00 00 00 00-00 00 00 00 00 00 00 00
13BF:0050  CD 21 CB 00 00 00 00 00-00 00 00 00 00 20 20 20   .!....
13BF:0060  20 20 20 20 20 20 20 20-00 00 00 00 00 20 20 20
13BF:0070  20 20 20 20 20 20 20 20-00 00 00 00 00 00 00 00
13BF:0080  00 0D 73 73 30 2E 65 78-65 0D 4C 41 53 54 45 52   ..ss0.
13BF:0090  3D 41 30 0D 64 64 72 65-73 73 2E 20 20 46 6F 72   =A0.dd
13BF:00A0  20 65 78 61 6D 70 6C 65-3A 0D 20 6F 6E 20 4E 54    examp
13BF:00B0  56 44 4D 2C 20 73 70 65-63 69 66 79 20 61 6E 20   VDM, s
13BF:00C0  69 6E 76 61 6C 69 64 0D-20 6F 6E 6C 79 2E 0D 00   invali
13BF:00D0  00 00 00 00 00 00 00 00-00 00 00 00 00 00 00 00
13BF:00E0  00 00 00 00 00 00 00 00-00 00 00 00 00 00 00 00
13BF:00F0  00 00 00 00 00 00 00 00-00 00 00 00 00 00 00 00
-
```

图 3-5　显示内存命令

(3) 修改内存命令：e(enter)。

格式：

```
e  开始地址或内存单元的地址清单     ;以字节为单位修改内存单元的值
```

如图 3-6(a)所示，修改从 DS:100 开始的内存单元的值，共修改了 7B。

```
-e 100
13BF:0100  00.1    00.2    00.3    B7.4    00.5    B4.6    0C.7    CD.
-d 100
13BF:0100  01 02 03 04 05 06 07 CD-10 42 81 FA C8 00 7C F7   .........B.
13BF:0110  B4 4C CD 21 00 00 00 00-00 00 00 00 00 00 00 00   .L.!.......
13BF:0120  00 00 00 00 00 00 00 00-00 00 00 00 00 00 00 00   ...........
```

(a)

```
-e ds:100 e2 "abc" f5
-d ds:100
13BF:0100  E2 61 62 63 F5 00 00 00-00 00 00 00 00 00 00 00
13BF:0110  B8 CF 13 8E D8 8D 1E 00-00 8D 3E 05 00 BA 04 00
13BF:0120  8B F3 8B CA C6 05 00 8A-04 46 3A 04 73 0A C6 05
13BF:0130  01 8A 24 88 04 88 64 FF-E2 ED 4A 74 05 80 3D 00
13BF:0140  75 DE B4 4C CD 21 00 00-00 00 00 00 00 00 00 00
13BF:0150  00 00 00 00 00 00 00 00-00 00 00 00 00 00 00 00
13BF:0160  00 00 00 00 00 00 00 00-00 00 00 00 00 00 00 00
13BF:0170  00 00 00 00 00 00 00 00-00 00 00 00 00 00 00 00
-
```

(b)

图 3-6　修改内存单元的值

(a) 示例一；(b) 示例二

如图 3-6(b)所示，输入 e　DS:100　e2　"abc"　f5 命令，其中 e2,"a","b","c"和 f5 各占 1B,用这 5B 代替原内存单元 DS: 0100 到 0104 的内容,"a","b","c"分别按它们的 ASCII 码值代入。

(4) 执行程序命令：g(Go)。

格式：

```
g  [= 开始地址]  [结束地址]
```

如图 3-7 所示，从 13D0:0000 开始执行程序，到 13D0:0014 为止。

```
D:\MASM5>debug s76.exe
-u
13D0:0000 B8CF13        MOV     AX,13CF
13D0:0003 8ED8          MOV     DS,AX
13D0:0005 8D1E0000      LEA     BX,[0000]
13D0:0009 8D3E0500      LEA     DI,[0005]
13D0:000D BA0400        MOV     DX,0004
13D0:0010 8BF3          MOV     SI,BX
13D0:0012 8BCA          MOV     CX,DX
13D0:0014 C60500        MOV     BYTE PTR [DI],00
13D0:0017 8A04          MOV     AL,[SI]
13D0:0019 46            INC     SI
13D0:001A 3A04          CMP     AL,[SI]
13D0:001C 730A          JNB     0028
13D0:001E C60501        MOV     BYTE PTR [DI],01
-g=0 14

AX=13CF  BX=0000  CX=0004  DX=0004  SP=0000  BP=0000  SI=0000  DI=000
DS=13CF  ES=13BF  SS=13CF  CS=13D0  IP=0014   NV UP EI PL NZ NA PO NC
13D0:0014 C60500        MOV     BYTE PTR [DI],00                   DS
-
```

图 3-7　执行程序命令

（5）显示和修改寄存器命令：r。

格式：

```
r                               ;显示所有寄存器的值并显示下一条将要执行的指令
r  寄存器名                     ;修改特定寄存器的值
```

从图 3-8 中可以看出，r 命令除了显示各寄存器的值外，还显示标志寄存器标志位的状态。

```
C:\WINDOWS\system32\cmd.exe - debug s76.exe
-r
AX=0000  BX=0000  CX=0046  DX=0000  SP=0000  BP=0000  SI=0000  DI=0000
DS=13BF  ES=13BF  SS=13CF  CS=13D0  IP=0000   NV UP EI PL NZ NA PO NC
13D0:0000 B8CF13        MOV     AX,13CF
-r ax
AX 0000
:22
-r
AX=0022  BX=0000  CX=0046  DX=0000  SP=0000  BP=0000  SI=0000  DI=0000
DS=13BF  ES=13BF  SS=13CF  CS=13D0  IP=0000   NV UP EI PL NZ NA PO NC
13D0:0000 B8CF13        MOV     AX,13CF
-
```

图 3-8　显示修改寄存器

CF：进位标志。CF 在 Debug 中的表现形式为：当 CF=1 时，显示 CF；当 CF=0 时，显示 NC。

PF：奇偶校验位，是否为偶数。PF 在 Debug 中的表示为：当 PF=1 时，显示 PE；当 PF=0 时，显示 PO。

AF：辅助进位标志符。AF 在 Debug 中的表示为：当 AF=1 时，显示 AC；当 AF=0 时，显示 NA。

ZF：0 标志位，代表是否为 0。ZF 在 Debug 中的表示为：当 ZF=1 时，显示 ZF；当 ZF=0 时，显示 NZ。

SF：符号位，代表是否为负数。SF 在 Debug 中的表示为：当 SF=1 时，显示为 NG；当 SF=0 时，显示为 PL。

IF：中断允许标志位，决定 CPU 是否响应 CPU 外部的可屏蔽中断发出的中断请求。IF 在 Debug 中的表示为：当 IF=1 时，显示 DI；当 IF=0 时，显示 EI。

DF：串传送方向标志位。DF 在 Debug 中的表示为：当 DF=0 时，显示为 DN；当 DF=1 时，显示为 UP。

OF：有符号数溢出标志位。OF 在 Debug 中的表示为：当 F=1 时，显示为 OV；当 OF=0 时，显示为 NV。

（6）跟踪执行命令：t。

格式：

```
t  [=地址]                      ;逐条指令追踪。从指定地址起执行一条指令后暂停，显示寄
                                 存器内容和状态值
t  [=地址] [n]                  ;多条指令追踪。从指定地址起执行 n 条命令后停
```

(7) 退出 Debug 命令：q。

格式：

```
q                    ;退出 Debug 程序，返回 DOS，但该命令本身并不把在内存中的
                      文件存盘；如需存盘，应在执行 q 命令前先执行写命令 w
```

实验 1　Debug 的使用

一、实验目的

(1) 熟悉 Debug 程序中的命令，学会在 Debug 下调试运行汇编语言源程序。

(2) 掌握 8086/8088 CPU 的寻址方式及多字节数据的处理方法。

二、实验内容

1. 利用 Debug 程序中的 E 命令，将 2 个多字节数 12345678H 和 FEDCBA98H 分别送入起始地址为 DS:0200H 和 DS:0204H 的 2 个单元中。

2. 分别用直接寻址方式和寄存器间接寻址方式编写程序段，实现将 DS:0200H 单元和 DS:0204H 单元中的数据相加，并将运算结果存放在 DS:0208H 单元中。

三、实验要求

本实验的内容均在 Debug 下完成，实现数据的装入、修改、显示，汇编语言程序段的编辑、汇编和反汇编，程序的运行和结果检查。

四、实验步骤

1. 启动 Debug。

2. 用 a 命令编辑程序，如图 3-9 所示。

-a↙

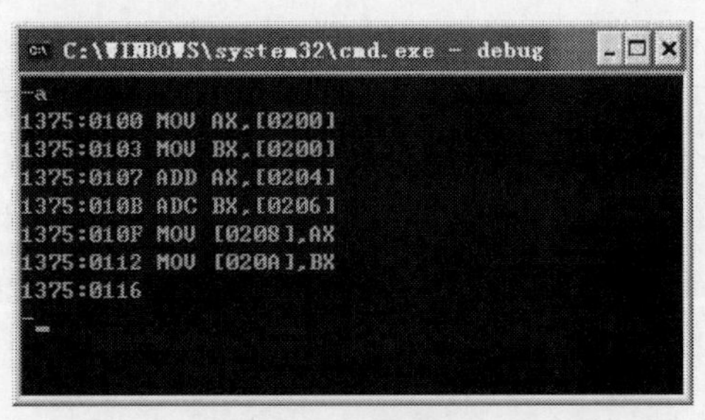

图 3-9　编辑程序

3. 用 u 命令反汇编验证源程序，如图 3-10 所示。

注意：

• 检查源程序是否有错误，若有则返回到第 3 步用 a 命令进行修改，直到程序无

```
-u 100
1375:0100 A10002        MOV     AX,[0200]
1375:0103 8B1E0002      MOV     BX,[0200]
1375:0107 03060402      ADD     AX,[0204]
1375:010B 131E0602      ADC     BX,[0206]
1375:010F A30802        MOV     [0208],AX
1375:0112 891E0A02      MOV     [020A],BX
1375:0116 0000          ADD     [BX+SI],AL
1375:0118 0000          ADD     [BX+SI],AL
```

图 3-10　反汇编验证源程序

错误。

- Debug 约定，在其命令或源程序中所涉及的数据均被看作十六进制数，其后不用 H 说明。
- 在 Debug 下，源程序中不能使用标号、变量和一些伪指令。
- 在 Debug 下，大小写不敏感。

4. 程序未执行前，用 R 命令观察相关寄存器的内容。

```
-R↙
```

如：(AX) = ________，(BX) = ________，(SI) = ________，(DI) = ________，(CS) = ________，(IP) = ________。

5. 程序未执行前，用 D 命令观察 DS:0200H、DS:0204H、DS:0208H 单元的内容。如：

```
-D  DS:200 20↙
```

6. 用 G 命令运行源程序。

```
-G  =100  116↙
```

7. 再用 D 命令观察 DS:0200H～DS:020BH 字节单元中的内容。

```
-D  DS:200  20↙
```

8. 用 T 单步操作命令对源程序单步执行，观察 AX、BX、CS、IP 寄存器内容的变化，并与预计的结果相比较。

注意：

- D 命令显示内存数据，注意观察多字节数据在内存中的存放方式。
- 注意观察 IP 寄存器随着指令执行的变化。

五、实验结果分析

1. 程序运行结果：(AX) = ________，(BX) = ________。

DS:0208H 4B 单元的内容：________。

2. 试用寄存器间接寻址方式编写程序段，完成上述程序段的功能(参考图 3-11)。

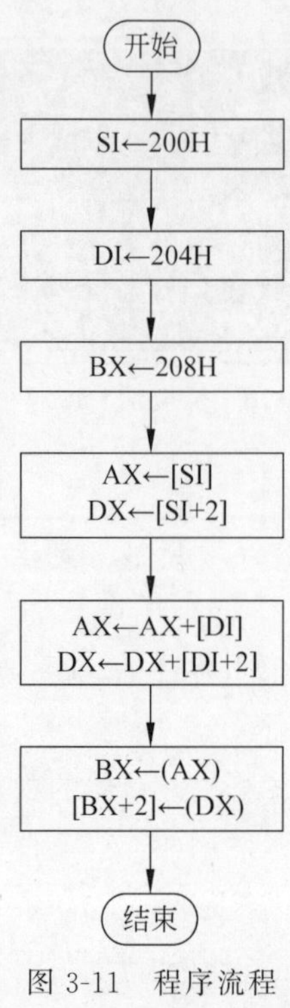

图 3-11 程序流程

实验 2 算术运算指令的应用

一、实验目的

观察指令的执行对 FLAGS 的影响，掌握算术运算指令。

二、实验内容

求 D9H 与 6EH 的和，并注明标志位状态。

三、实验步骤

启动 Debug 后输入汇编指令并执行，如图 3-12 所示，标志位的状态为 OF＝0，DF＝1，IF＝0，SF＝0，ZF＝0，AF＝1，PF＝1，CF＝1。

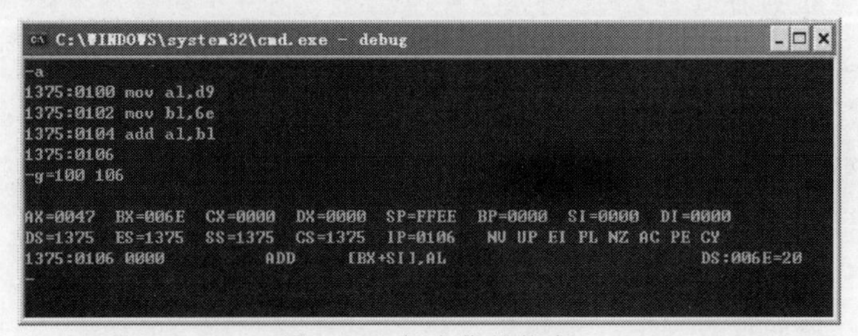

图 3-12 标志位的状态

实验3　串操作指令的应用

一、实验目的

观察指令的执行过程，掌握串操作指令。

二、实验内容

将地址1000:10A0H开始的区域中存放的100B的字符串传送到地址2000:10B0H开始的区域中。

三、实验步骤

启动Debug后输入汇编指令并执行，如图3-13所示。

```
D:\MASM5>debug
-a
1375:0100 mov ax,1000
1375:0103 mov ds,ax
1375:0105 mov ax,2000
1375:0108 mov es,ax
1375:010A mov si,10a0
1375:010D mov di,10b0
1375:0110 mov cx,64
1375:0113 cld
1375:0114 rep movsb
1375:0116
-g=100 116

AX=2000  BX=0000  CX=0000  DX=0000  SP=FFEE  BP=0000  SI=1104  DI=1114
DS=1000  ES=2000  SS=1375  CS=1375  IP=0116   NV UP EI PL NZ NA PO NC
1375:0116 43            INC     BX
-
```

图3-13　输入并执行

查看1000:10A0H和2000:10B0H区域的数据，如图3-14所示。

```
C:\WINDOWS\system32\cmd.exe - debug
-g=100 116

AX=2000  BX=0000  CX=0000  DX=0000  SP=FFEE  BP=0000  SI=1104  DI=1114
DS=1000  ES=2000  SS=1375  CS=1375  IP=0116   NV UP EI PL NZ NA PO NC
1375:0116 43            INC     BX
-d ds:10a0
1000:10A0  6F 72 79 20 73 74 61 74-75 73 20 20 58 53 0D 0A   ory status  XS..
1000:10B0  0E 07 8D 3E D2 2D 81 C1-54 05 C3 FF 05 00 0D 06   ...>.-..T.......
1000:10C0  00 34 00 07 00 40 00 08-00 75 00 09 00 74 00 0A   .4...@...u...t..
1000:10D0  00 90 00 0C 00 AA 00 0D-00 BC 00 0E 00 D5 00 0F   ................
1000:10E0  00 EF 00 10 00 09 01 11-00 2C 01 13 00 4F 01 14   ............,...O..
1000:10F0  00 55 01 0F 42 61 64 20-64 65 76 69 63 65 20 6E   .U..Bad device n
1000:1100  61 6D 65 38 43 61 6E 6E-6F 74 20 6F 70 65 6E 20   ame8Cannot open
1000:1110  6C 69 73 74 20 64 65 76-69 63 65 20 50 52 4E 0D   list device PRN.
-d es:10b0
2000:10B0  6F 72 79 20 73 74 61 74-75 73 20 20 58 53 0D 0A   ory status  XS..
2000:10C0  0E 07 8D 3E D2 2D 81 C1-54 05 C3 FF 05 00 0D 06   ...>.-..T.......
2000:10D0  00 34 00 07 00 40 00 08-00 75 00 09 00 74 00 0A   .4...@...u...t..
2000:10E0  00 90 00 0C 00 AA 00 0D-00 BC 00 0E 00 D5 00 0F   ................
2000:10F0  00 EF 00 10 00 09 01 11-00 2C 01 13 00 4F 01 14   ............,...O..
2000:1100  00 55 01 0F 42 61 64 20-64 65 76 69 63 65 20 6E   .U..Bad device n
2000:1110  61 6D 65 38 43 61 6E 6E-6F 74 20 6F 70 65 6E 20   ame8Cannot open
2000:1120  6C 69 73 74 20 64 65 76-69 63 65 20 50 52 4E 0D   list device PRN.
-
-
```

图3-14　查看结果

实验 4　转移指令的应用

一、实验目的

观察指令的执行过程,掌握转移指令。

二、实验内容

编写程序,求 1+2+…+100,结果存于 AX 中。

三、实验步骤

启动 Debug 后输入汇编指令并执行,如图 3-15 所示。

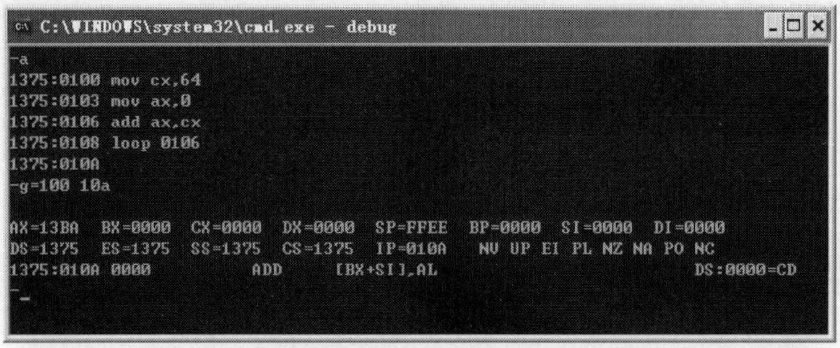

```
C:\WINDOWS\system32\cmd.exe - debug
-a
1375:0100 mov cx,64
1375:0103 mov ax,0
1375:0106 add ax,cx
1375:0108 loop 0106
1375:010A
-g=100 10a

AX=13BA  BX=0000  CX=0000  DX=0000  SP=FFEE  BP=0000  SI=0000  DI=0000
DS=1375  ES=1375  SS=1375  CS=1375  IP=010A   NV UP EI PL NZ NA PO NC
1375:010A 0000          ADD     [BX+SI],AL                         DS:0000=CD
-_
```

图 3-15　转移指令

注意:在 Debug 中,转移指令的转移地址需要是真实的逻辑地址。

第4章

汇编语言及其程序设计

4.1 知识要点

1. 汇编语言程序格式

用汇编语言编写的程序称为汇编语言源程序，汇编语言源程序必须经过具有“翻译”功能的系统程序的处理。汇编程序(Assembler)就是处理汇编语言源程序的系统程序，处理的过程称为汇编。源程序经过汇编生成机器语言目标程序，简称目标程序。目标程序经过连接程序连接，就得到可执行文件。

汇编语言源程序由若干段组成，如数据段、附件数据段、堆栈段和代码段等，段与段之间的顺序可以随意排列，每段由 SEGMENT 开始，以 ENDS 结束，每段的开始和结束都附有相同的名字。一个程序一般定义数据段、堆栈段和代码段三个段，必要时增加定义附加数据段，能独立运行的程序至少包含一个代码段。

源程序中的语句有两种：指示性语句和指令性语句。指令性语句是可执行语句，是8088/8086 CPU 可以执行的指令。

汇编语言语句中的操作数可以是寄存器、存储器单元、常量、变量、名字、标号和表达式。

2. 伪指令

汇编语言中的指示性语句又称为伪指令。伪指令的作用是告诉汇编程序如何对汇编语言源程序进行汇编，例如，如何分段、程序处理的数据的位置，子程序的位置等。伪指令由汇编程序处理，不生成目标代码，不参与程序的执行。

(1) 段定义伪指令 SEGMENT 和 ENDS。

(2) 段寻址伪指令 ASSUME。

(3) 数据定义伪指令 DB、DW、DD、DQ、DT。

(4) 符号定义伪指令又称为赋值伪指令 EQU 和＝。

(5) 过程定义伪指令 PROC　ENDP，调用过程命令用 CALL 指令。

(6) 程序结束伪指令 END。

3. DOS 系统功能调用

DOS 功能调用又称高级调用，调用它们可以管理内存、设备、文件和目录。8086/8088 CPU 中，21H 号中断被称为 DOS 系统功能调用，它的内部提供了 80 多个功能子程序，可以实现字符输入、字符显示/打印、磁盘读写、文件建立/打开/关闭、文件读/写等功能，基本满足了普通程序员的编程需要。为了调用方便，系统对这些功能子程序顺序编号，称为功能号。调用的步骤如下：

(1) 把需要调用的功能号送入 AH 寄存器。

(2) 根据调用要求设置入口参数。

(3) 执行 INT　21H 命令。

4. 汇编语言程序设计基础

顺序结构是最基本、最简单的程序结构。

(1) 根据条件是否成立执行不同程序段的程序结构称为分支程序。分支程序结构又分为简单分支结构和多分支结构两种形式。一般用条件转移指令实现简单分支程序设计。汇编语言语句功能简单，多分支程序是简单分支的嵌套。

(2) 循环程序设计结构有两种：先执行后判断和先判断后执行。

① 循环初始化用于设置循环初始值，包括设置循环计数器初值、地址指针首地址和初始数据等。

② 循环体是循环的主体，包括循环要完成的具体操作和修改循环参数，如地址指针的修改、计数值的修改。

③ 循环控制用于测试循环条件，判断是否继续循环，使循环能在有限的次数后结束。在循环次数确定的情况下，可用循环次数作为控制条件，这时常用 LOOP 指令实现控制循环。

过程又称为子程序。子程序使程序结构模块化，程序更加清晰、易读易懂。如果在一个程序的多个地方或多个程序中都用到相同功能的程序段，这时常采用子程序设计方法。

4.2　习题解答

1. 什么叫汇编？汇编语言源程序的处理过程是什么？

解：任何 CPU 都只能执行机器语言程序。汇编语言不是机器语言，汇编语言程序必须通过具有“翻译”功能的系统程序的处理，处理的过程称为汇编。

汇编语言源程序经过汇编生成机器语言目标程序，简称目标程序。目标程序经过连接程序连接，就得到可执行的机器语言程序文件。

2. 汇编语言的语句类型有哪些？各有什么特点？

解：汇编语言的语句类型有两种：指示性语句和指令性语句。指示性语句可以位于任何段中，指令性语句必须位于代码段中。

• 指示性语句

指示性语句又称伪操作语句，它不是 8086/8088 CPU 的指令，它与汇编程序(Assembler)有关。指示性语句的功能主要是变量定义、为数据分配存储空间、告诉汇编程序如何对源程序汇编等。源程序汇编时，指示性语句不生成目标代码，所以常被称为伪指令。

• 指令性语句

指令性语句是可执行语句，是 8086/8088 CPU 的指令。源程序汇编后，指令性语句生成目标代码。第 3 章中介绍的所有指令都是指令性语句的主体，其操作数最多只能有 2 个。

3. 汇编语言源程序的基本结构是什么？

解：汇编语言源程序由若干段组成，如数据段、附件数据段、堆栈段和代码段等，段与段之间的顺序可以任意排列，每段由 SEGMENT 开始，以 ENDS 结束，每段的开始和结束都附有相同的名字。一个程序一般定义数据段、堆栈段和代码段三个段，必要时增加定义附加数据段，能独立运行的程序至少包含一个代码段。

4. 写出完成下述要求的变量定义的语句。

(1) 为缓冲区 BUFF 保留 200B 的内存空间。

(2) 将字符串'BYTE','WORD'存放于某数据区。

(3) 在数据区中存入下列 5 个数据：2040H,0300H,10H,0020H,1048H。

解：

(1) 为缓冲区 BUFF 保留 200B 的内存空间。

```
BUFF DB 200DUP(?)
```

(2) 将字符串'BYTE','WORD'存放于某数据区。

```
DB  'BYTE','WORD'
```

(3) 在数据区中存入下列 5 个数据：2040H,0300H,10H,0020H,1048H。

```
DW  2040H,0300H,10H,0020H,1048H
```

5. 画出下面数据段汇编后的内存图，并标出变量的位置。

```
DATA  SEGMENT
AA  EQU 78H
AA0  DB 09H,-2,45H,2 DUP(01H, ?),'AB'
AA1  DW -2,34H+AA
AA2  DD 12H
DATA ENDS
```

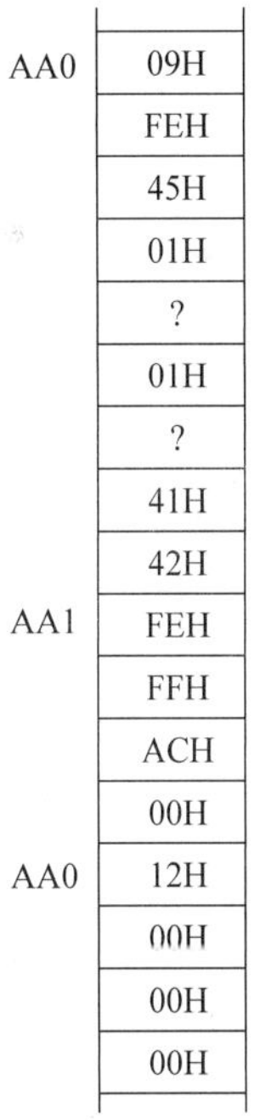

解：如图 4-1 所示。

AA0	09H
	FEH
	45H
	01H
	?
	01H
	?
	41H
	42H
AA1	FEH
	FFH
	ACH
	00H
AA0	12H
	00H
	00H
	00H

图 4-1　第 5 题内存图

6. 设程序中的数据定义如下：

```
NAME  DB 30 DUP(?)
```

```
LIST  DB 1,7,8,3,2
ADDR  DW 30 DUP(?)
```

(1) 取 NAME 的偏移地址放入 SI。

(2) 取 LIST 的前两个字节存入 AX。

(3) 取 LIST 实际长度送给 CX。

解：

(1) 取 NAME 的偏移地址放入 SI。

```
MOV  SI,OFFSET  NAME
```

(2) 取 LIST 的前两个字节存入 AX。

```
MOV  AX,WORD  PTR [LIST]
```

(3) 取 LIST 实际长度送给 CX。

```
MOV  SI, OFFSET  LIST
MOV  DI, OFFSET  ADDR
SUB  DI, SI
MOV  CX, DI
```

7. 依据下列指示性语句，求表达式的值。

```
SHOW0  EQU  200
SHOW1  EQU  15
SHOW2  EQU  2
```

(1) SHOW0 ×100　　(2) SHOW0 AND SHOW1

(3) (SHOW0/SHOW2)MOD SHOW1　　(4) SHOW1 OR SHOW0

解：

(1) SHOW0×100＝200×100＝20000

(2) SHOW0 AND SHOW1＝C8 AND 0F＝08

(3)(SHOW0/SHOW2)MOD SHOW1＝100 MOD 15＝10

(4) SHOW1 OR SHOW0＝0F OR C8＝CFH

8. 编写程序，统计寄存器 BX 中二进制位“1”的个数，结果存入 AL 中。

解：

```
DATA  SEGMENT
        NUM  DW   X
DATA  ENDS
CODE  SEGMENT
    ASSUME  CS:CODE,DS:DATA
START: MOV    AX,DATA
       MOV    DS,AX
       MOV    AL,0
       MOV    BX,NUM                          ;把数 X 传送给 BX
```

```
        MOV     CX,16
NEXT:   SHL     AX,1
        JNC     NEXT1
        INC     AL
NEXT1:  LOOP    NEXT
        MOV     AH,4CH
        INT     21H
CODE  ENDS
        END     START
```

9. 某数据块存放在 BUFFER 开始的 100B 单元中，试编写程序统计数据块中正数（不包括 0）的个数，并将统计的结果存入 NUMBER 单元中。

解：

```
    DATA    SEGMENT
    BUFFER  DB  100 DUP(?)
    DATA ENDS
    CODE SEGMENT
    ASSUME  CS:CODE,DS:DATA
START:  MOV     AX,DATA
        MOV     DS,AX
        XOR     DX, DX
        MOV     CX,100
        MOV     SI,OFFSET BUFFER
NEXT:   MOV     AL,[SI]
        INC     SI
        TEST    AL,80H                          ;是否为正数
        JNZ     GOON                            ;否,转移到 GOON
        CMP     AL,0
        JZ      GOON
        INC     DX
GOON:   LOOP    NEXT
        MOV     NUMBER,DX
        MOV     AH,4CH
        INT     21H
CODE    ENDS
        END     START
```

10. 阅读下面的程序段，指出它的功能。

```
DATA      SEGMENT
ASCII     DB 30H, 31H, 32H, 33H ,34H ,35H, 36H, 37H, 38H, 39H
HEX       DB 04H
DATA      ENDS
CODES     EGMENT
ASSUME    CS:CODE, DS: DATA
START: MOV     AX, DATA
```

```
        MOV    DS, AX
        MOV    BX,OFFSET ASCII
        MOV    AL,HEX
        AND    AL,0FH
        MOV    AH,0
        ADD    BX,AX
        MOV    AL,[BX]
        MOV    DL,AL
        MOV    AH,2
        INT    21H
        MOV    AH,4CH
        INT    21H
CODE    ENDS
        END    START
```

解：这是一个查表程序，查表取出 HEX 中数字对应的 ASCII 码。

11. 某数据区中有 100 个小写字母，编程把它们转换成大写字母，并在屏幕上显示。

解：

```
    DATA    SEGMENT
    BUFFER  DB 100 DUP(?)
    DATA  ENDS
    CODE  SEGMENT
    ASSUME  CS:CODE,DS:DATA
START: MOV    AX,DATA
       MOV    DS,AX
       MOV    CX,100
       MOV    SI,OFFSET BUFFER
NEXT:  MOV    AL,[SI]
       INC    SI
       CMP    AL,61H                          ;是否为小写字母
       JB     GOON                            ;否,转移到 GOON
       SUB    AL,20H
       MOV    DL,AL
       MOV    AH,2
       INT    21H
GOON:  LOOP   NEXT
       MOV    AH,4CH
       INT    21H
CODE   ENDS
       END START
```

12. 子程序的参数传递有哪些方法？

解：主程序在调用子程序时，要为子程序预置数据，在子程序返回时给出数据处理的结果，该过程称为数据传送或变量传送，方法主要有以下几种。

(1) 寄存器传送。

(2) 地址表传送，当需要传送的参数较多时，可以利用存储单元传送。在调用子程序

前，把所有参数依次送入地址表，然后将地址表的首地址作为子程序入口参数传递给子程序。

(3) 堆栈传送，这种方式要审慎注意堆栈的变化情况。

13. 过程定义的一般格式是什么？子程序开始处为什么常用 PUSH 指令？返回前为什么用 POP 指令？

解：过程定义的一般格式为

```
PROC    ENDP
```

如果一个子程序被多次调用，保护与恢复（主程序）现场就非常重要。主程序每次调用子程序时，主程序的现场不会相同，保护与恢复现场的工作就只能在子程序中进行。原则上，首先把子程序中要用到的寄存器、存储单元、状态标志等压入堆栈或存入特定空间中（PUSH 指令），然后子程序才可以使用它们，使用后将它们弹出堆栈或从特定空间中取出（POP 指令），恢复它们原来的值，即恢复主程序现场。保护和恢复现场常用 PUSH 和 POP 指令。

14. 显示 2 位压缩 BCD 码值（0～99），要求不显示前导 0。

解：

```
    DATA    SEGMENT
    BUF  DB  ?                                ;内存中的 2 位压缩 BCD 码
    DATA  ENDS
    CODE  SEGMENT
    ASSUME  CS:CODE,DS:DATA
START: MOV    AX,DATA
       MOV    DS,AX
       MOV    AL, BUF
       MOV    BL,AL
NEXT:  MOV    CL,4
       SHR    AL, CL
       AND    AL,0FH
       CMP    AL,0
       JZ     GOON
       ADD    AL,30H                          ;显示高位 BCD 码
       MOV    DL,AL
       MOV    AH,2
       INT    21H
GOON:  MOV    AL,BL
       AND    AL,0FH
       ADD    AL,30H                          ;显示低位 BCD 码
       MOV    DL,AL
       MOV    AH,2
       INT    21H
       MOV    AH,4CH
       INT    21H
CODE   ENDS
```

```
        END     START
```

15. 编程,把以 DATA 为首地址的两个连续单元中的16位无符号数乘以10。

解：

```
    DATA    SEGMENT
    BUFFER  DB  A3H,27H
    DATA  ENDS
    CODE  SEGMENT
    ASSUME  CS:CODE,DS:DATA
START: MOV     AX,DATA
       MOV     DS,AX
       LEA     SI,BUFFER
       MOV     AX,[SI]
       SHL     AX,1
       MOV     BX,AX
       MOV     CL,3
       MOV     AX,[SI]
       SHL     AX,CL
       ADD     AX,BX
       MOV     BUFFER,AL
       MOV     BUFFER+1,AH
       MOV     AH,4CH
       INT     21H
CODE   ENDS
       END     START
```

16. 编程,比较两个字符串是否相同,并找出其中第一个不相等字符的地址,将该地址送入BX,不相等的字符送入AL。两个字符串的长度均为200B,M1为源串首地址,M2为目标串首地址。

解：

```
    DATA    SEGMENT
    M1  DB  100DUP(?)
    DATA  ENDS
    EDATA  SEGMENT
    M2  DB  100DUP(?)
    EDATA  ENDS
    CODE  SEGMENT
    ASSUME  CS:CODE,DS:DATA ,ES:EDATA
START: MOV     AX,DATA
       MOV     DS,AX
       MOV     AX,EDATA
       MOV     ES,AX
       LEA     SI,M1                                  ;(SI)←源串首地址
       LEA     DI,M2                                  ;(DI)←目标串首地址
       MOV     CX,200                                 ;(CX)←串长度
```

```
        CLD                              ;(DF)=0,使地址指针按增量方向修改
        REPE    CMPSB                    ;若相等则重复比较
        AND     CX,0FFFFH                ;检查(CX)是否等于 0
        JZ      STOP                     ;(CX)=0 则转 STOP
        DEC     SI                       ;(SI)-1,指向不相等单元
        MOV     BX,SI                    ;(BX)←不相等单元的地址
        MOV     AL,[SI]                  ;(AL)←不相等单元的内容
STOP:   MOV     AH,4CH
        INT     21H
CODE    ENDS
        END     START
```

17. 编程,在内存的数据段中存放了 100 个 8 位带符号数,其首地址为 TABLE,试统计其中正元素、负元素和零元素的个数,并分别将个数存入 PLUS、MINUS、ZERO 三个单元中。

解:

```
    DATA    SEGMENT
    TABLE  DB  100DUP(?)
    DATA  ENDS
    CODE  SEGMENT
    ASSUME  CS:CODE,DS:DATA
START: MOV     AX,DATA
       MOV     DS,AX
       XOR     AL,AL
       MOV     PLUS,AL
       MOV     MINUS,AL
       MOV     ZERO,AL
       LEA     SI,TABLE
       MOV     CX,100
       CLD
CHECK: LODSB
       OR      AL,AL
       JS      X1
       JZ      X2
       INC     PLUS
       JMP     NEXT
X1:    INC     MINUS
       JMP     NEXT
X2:    INC     ZERO
NEXT:  LOOP    CHECK
       MOV     AH,4CH
       INT     21H
CODE   ENDS
       END     START
```

18. 编程,在数据段 DATA1 开始的 80 个连续的存储单元中,存放 80 位同学某门课

程的考试成绩(0～100),并统计成绩≥90分的人数、80～89分的人数、70～79分的人数、60～69分以及<60分的人数。将结果存入DATA2开始的存储单元中。

解:

```
DATA    SEGMENT
DATA1   DB  80 DUP(?)                   ;假定学生成绩已放入这80个单元中
DATA2   DB  5 DUP(0)                    ;统计结果的存放单元
DATA    ENDS
CODE    SEGMENT
ASSUME CS:CODE,DS:DATA
START: MOV   AX,DATA
       MOV   DS,AX
       MOV   CX,80                      ;统计80个学生的成绩
       LEA   SI,DATA1
       LEA   DI,DATA2
AGAIN: MOV   AL,[SI]
       CMP   AL,90                      ;与90比较
       JC    NEXT1                      ;小于90分,转NEXT1
       INC   BYTE PTR [DI]              ;否则,90分以上的人数加1
       JMP   STO                        ;转循环控制处理
NEXT1: CMP   AL,80                      ;与80比较
       JC    NEXT2                      ;小于80分,转NEXT2
       INC   BYTE PTR[DI+1]             ;否则,80分以上的人数加1
       JMP   STO
NEXT2: CMP   AL,70                      ;与70比较
       JC    NEXT3                      ;小于70分,转NEXT3
       INC   BYTE  PTR [DI+2]           ;否则,70分以上的人数加1
       JMP   STO
NEXT3: CMP   AL,60                      ;与60比较
       JC    NEXT4                      ;小于60分,转NEXT4
       INC   BYTE PTR [DI+3]            ;否则,60分以上的人数加1
       JMP   STO                        ;转循环控制处理NEXT4
NEXT4: INC   BYTE PTR [DI+4]            ;60分以下的人数加1
STO:   INC   SI                         ;指向下一个学生成绩
       LOOP  AGAIN                      ;循环,直到所有成绩都统计完
       MOV   AH,4CH                     ;返回DOS
       INT   21H
CODE   ENDS
       END   START
```

4.3 汇编语言程序设计实验

本书介绍的大多数实验在“START ES598PCI实验仪”上完成,配合使用星研集成环境软件,下面介绍相应的操作步骤。

首先运行星研集成环境软件,启动画面如图4-2所示。

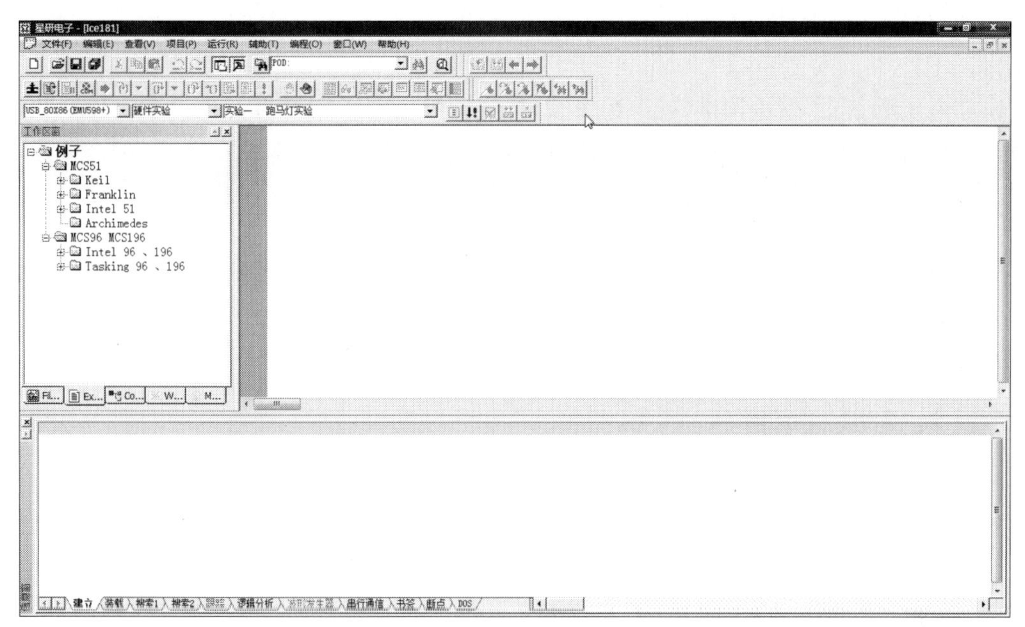

图 4-2 星研集成环境软件主界面

1. 选择仿真器或仿真模块

执行主菜单的“辅助”→“仿真器”命令，出现图 4-3 所示的“选择仿真器、实验仪”对话框。

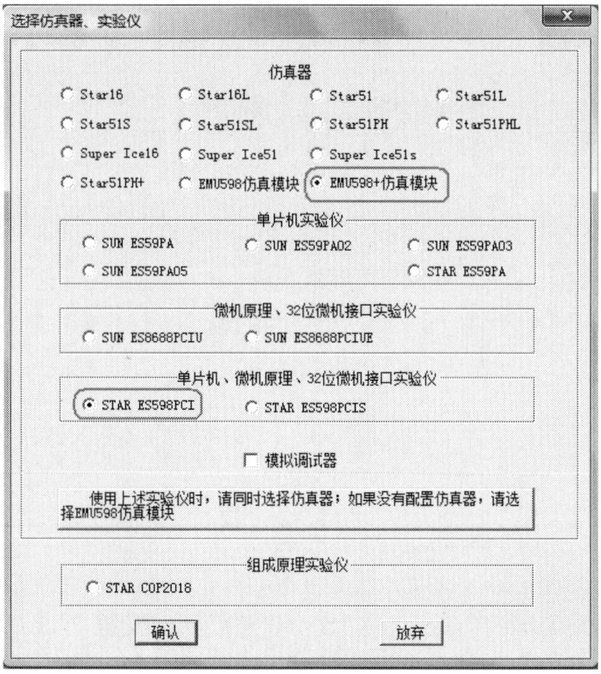

图 4-3 仿真器设置

仿真器选中“EMU598＋仿真模块”单选按钮，实验仪选中“STAR ES598PCI”单选按钮。

软件实验选中“模拟调试器”单选按钮时，实验仪电源不用开启，使用CPU模拟执行程序，可以调用附件中的软中断，但无法对I/O接口操作。学生在做软件实验前，可以选择“模拟调试器”，在星研集成环境软件中编写程序，对它编译、连接，解决语法错误，完成程序调试。

硬件实验禁止勾选“模拟调试器”。硬件实验过程中，当PC与实验仪通信出现问题或者出现其他程序编译问题时会弹出窗口，要求选择“模拟调试器”，这种情况一律选择“放弃”。

2. 设置“缺省项目”

执行主菜单的“辅助”→“缺省项目”命令，出现图4-4所示对话框，选中“8086(EMU598＋)”单选按钮，进行如图4-5所示的“选择语言”对话框。

图4-4 选择“8086(EMU598＋)”

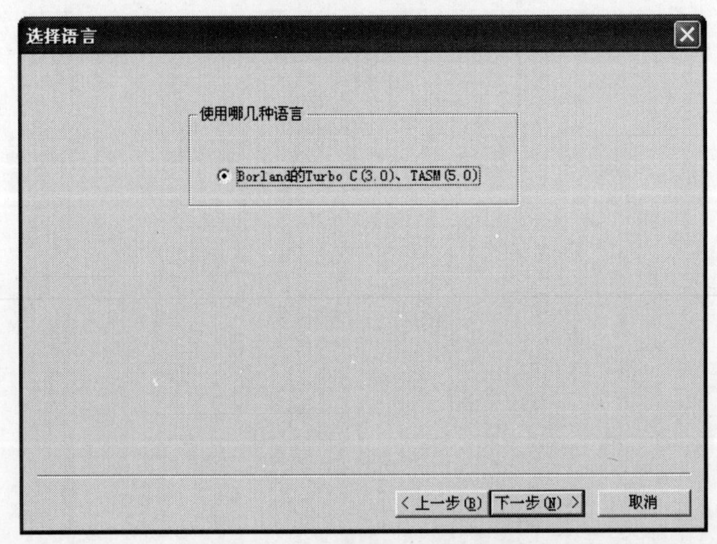

图4-5 “选择语言”对话框

选中“Borland的Turbo C(3.0)、TASM(5.0)”单选按钮，单击“下一步”按钮，打开图4-6所示对话框，其中有三张卡片，用来设置编译、连接控制项。如果勾选“如有警告，停止下一步操作”，程序中如果没有堆栈段，编译不能通过。

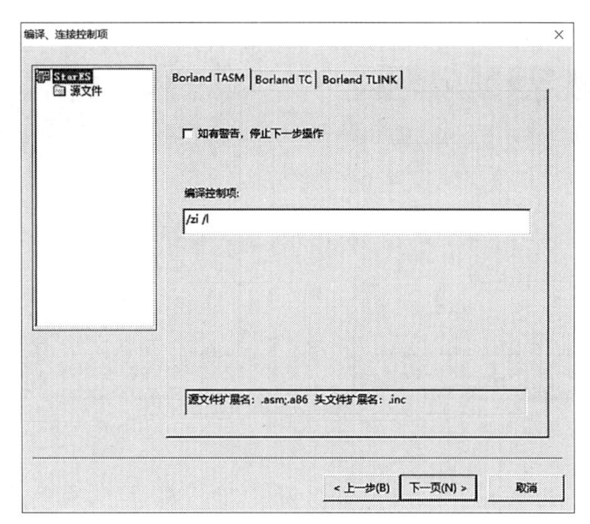

图 4-6 “编译、连接控制项”对话框

memory model 请选择 tiny，缩写为 mt(也可以选择其他模式)；如果需要源程序级别调试，必须使用-v -y 控制项，为了支持多文件编译、连接，必须使用-c 控制项。一般不必改变 Turbo C 的编译控制项。

单击“下一步”按钮，打开图 4-7 所示对话框，单击“完成”按钮，结果设置。

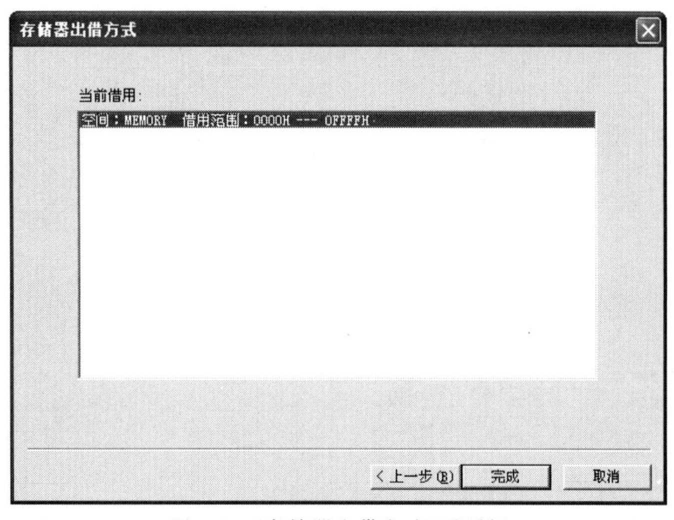

图 4-7 “存储器出借方式”对话框

3. 建立源文件

建立源文件，执行主菜单的“文件”→“新建”命令，打开图 4-8 所示对话框。

选择存放源文件的目录，输入文件名，文件名要求符合 8.3 命令规则，不能使用汉字。

注意：一定要输入文件名后缀。对源文件编译、连接、生成代码文件时，系统会根据不同的扩展名启动相应的编译软件。比如：*.asm 文件，使用 TASM 编译。如图 4-9 中文件名为 move.asm。

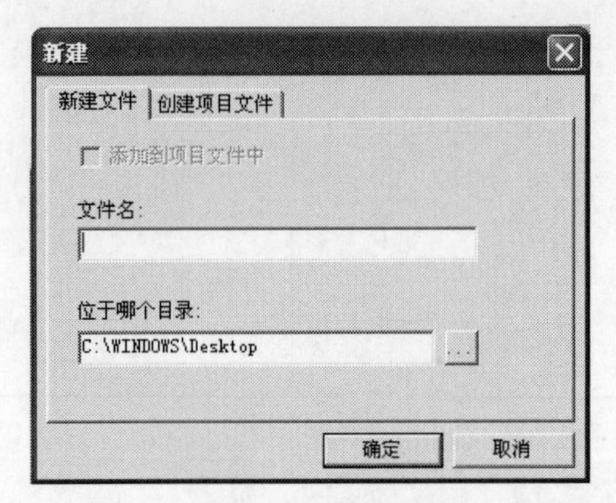

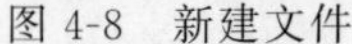
图 4-8　新建文件

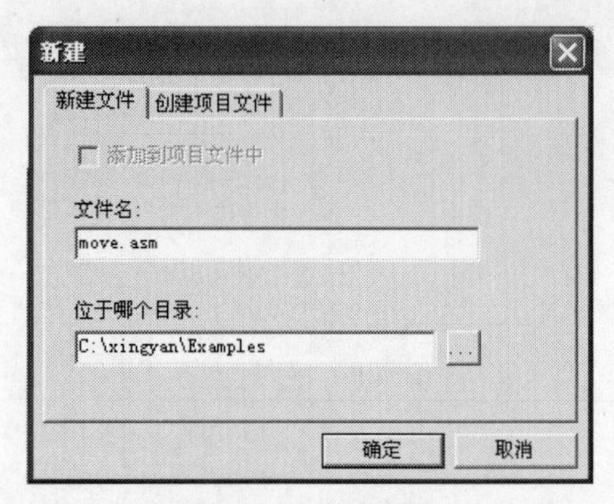

图 4-9　文件名设置

单击“确定”按钮，出现图 4-10 文件编辑窗口，输入源程序，建立汇编语言源文件。

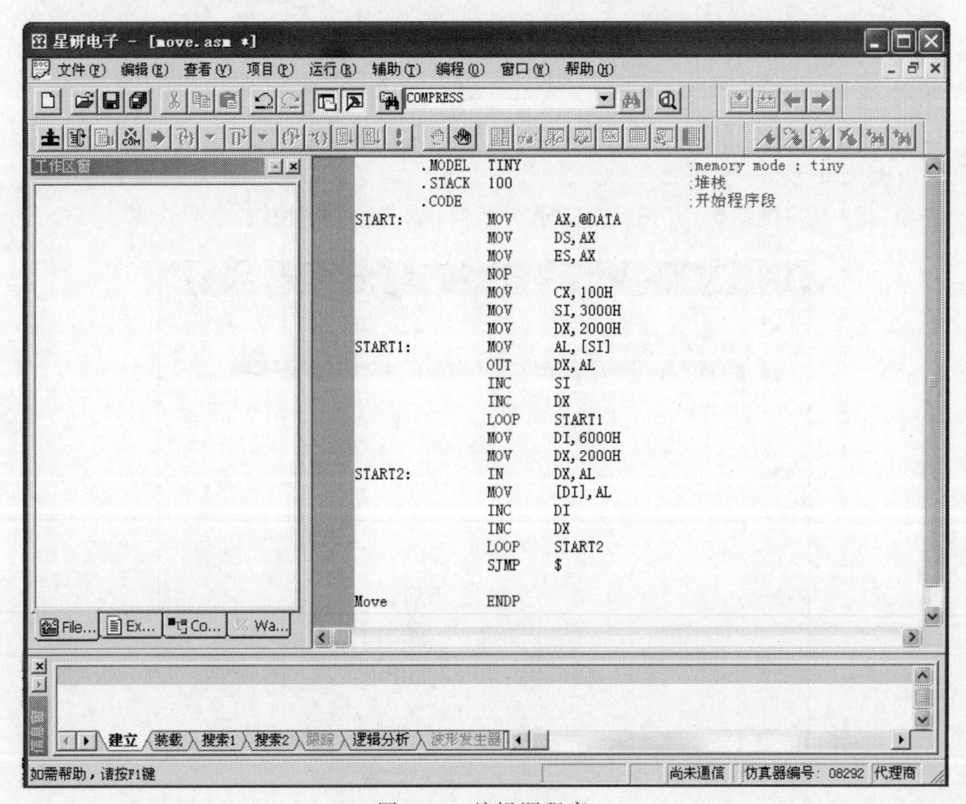

图 4-10　编辑源程序

4. 编译、连接文件

源文件编辑完成后，需要编译、连接生成可执行文件。如果文件编译没有错误，则与库文件连接，生成可执行文件（*.exe）、清单文件（*.lst）和信息参考文件，星研集成环境软件将这些文件集成在一起称为DOB文件。

编译、连接文件的方法如下：执行“主菜单”→“项目”→“编译、连接”或“重新编译、连接”命令。如图4-11所示，对文件move.asm编译连接完成，没有错误。

正在编译C:\xingyan\Examples\move.asm......
正在连接......
C:\xingyan\Examples\move.exe - 0 error(s), 0 warning(s)
建立
装载
搜索1
搜索2
跟踪
逻辑分析
波形发生器
如需帮助，请按F1键
行 5，列 1
插入
尚未通信
仿真器编号: 08292
代理商

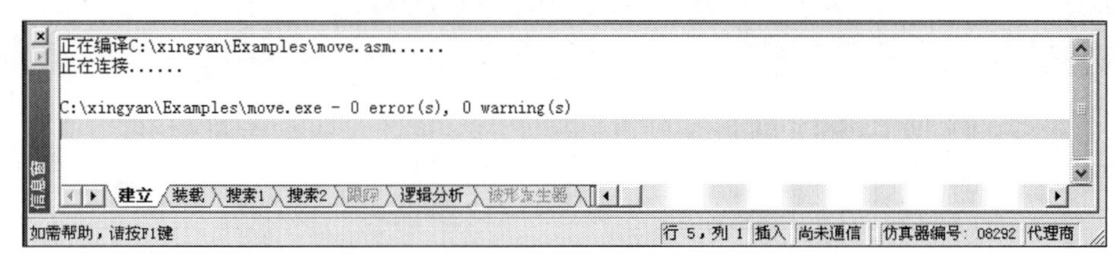

图4-11 编译连接正确

如果编译有错误则出现图4-12信息框，双击错误的第一行，编辑区内光标自动指向错误出处，修改全部错误然后保存文件，重新编译连接。注意，首先处理第一行的错误，因为其他错误可能是第一行错误引起的连锁反应。

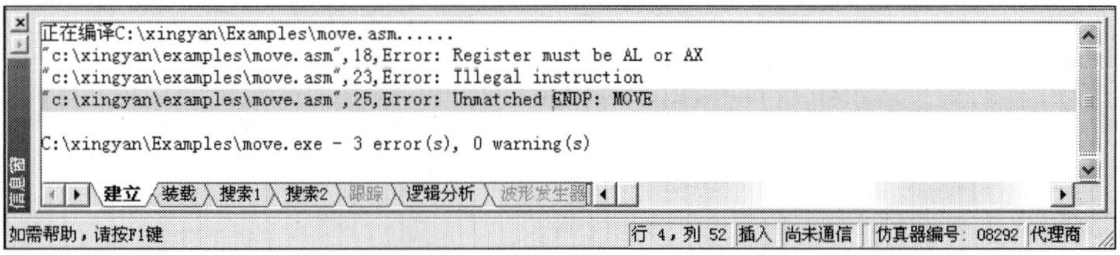

正在编译C:\xingyan\Examples\move.asm......
"c:\xingyan\examples\move.asm",18,Error: Register must be AL or AX
"c:\xingyan\examples\move.asm",23,Error: Illegal instruction
"c:\xingyan\examples\move.asm",25,Error: Unmatched ENDP: MOVE
C:\xingyan\Examples\move.exe - 3 error(s), 0 warning(s)
建立
装载
搜索1
搜索2
跟踪
逻辑分析
波形发生器
如需帮助，请按F1键
行 4，列 52
插入
尚未通信
仿真器编号: 08292
代理商

图4-12 编译有错误提示

5. 调试

编译、连接完成后，运行程序，查看结果是否符合程序设计要求，通常情况下，有很多问题需要解决，这就是程序调试。

执行“主菜单”→“运行”→“进入调试状态”命令，程序进入调试状态。可以使用单步运行调试工具，逐行执行代码，查看执行结果，判断结果是否符合要求；也可以全速运行，查看整体运行结果；还可以设置断点，逐段执行程序查看结果，直到结果正确。

如果程序运行操纵硬件输出结果，例如，控制LED灯亮灭、电机运转等，则进入调试状态后，星研集成环境软件把用户程序传输到实验仪上，使用实验仪上的8086CPU运行程序。

进入调试状态后，星研集成环境软件提供的调试信息窗口，如图4-13所示。这些信息在“查看”菜单中，如图4-14所示，如果不需要这些信息可以不将它们展示出来。

图4-13中，“工作区窗”展示的是“CommonRegister”卡片的内容，中间的窗口为源程序窗口，用户可在此设置断点、光标的运行处，编辑程序等。“寄存窗”展示常用寄存器的数值。“存贮窗1”“存贮窗2”显示相应的程序段(CS)、数据段(DS)、IO设备区的数据。“变量窗”显示自动收集的变量。“反汇编窗”显示对程序反汇编的信息代码、机器码及对应的源文件。在“信息窗”的“装载”卡片中，显示装载的代码文件、字节数，装载完毕后，显示起始地址和结束地址。这种船坞化的窗口比通常的窗口显示的内容更多，移动非常方

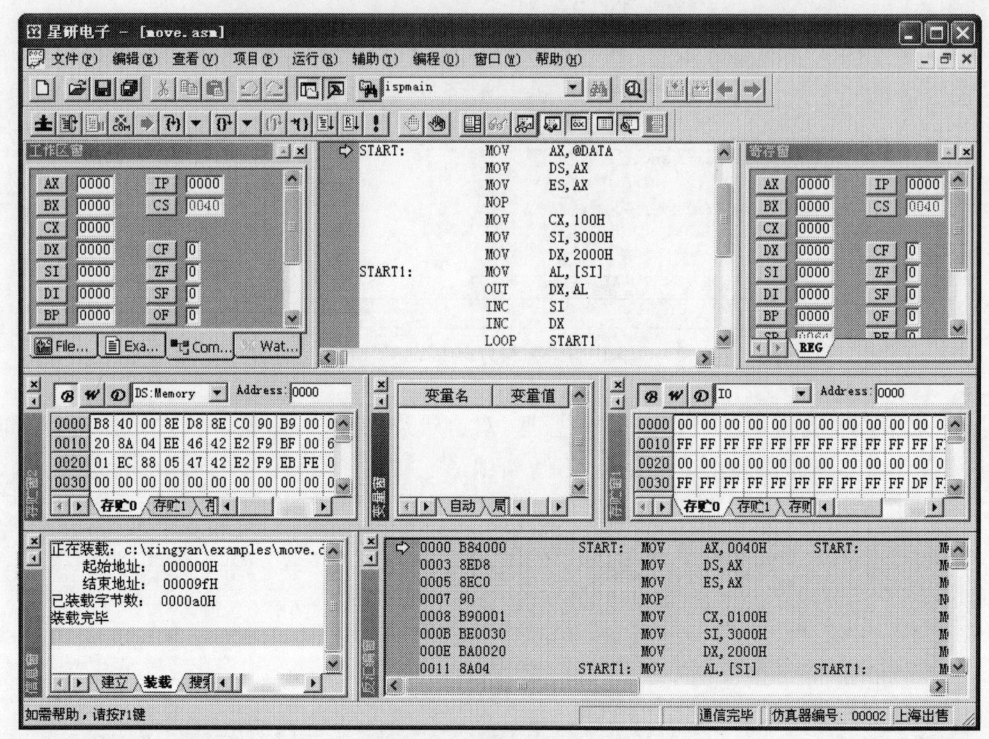

图 4-13　调试信息窗口

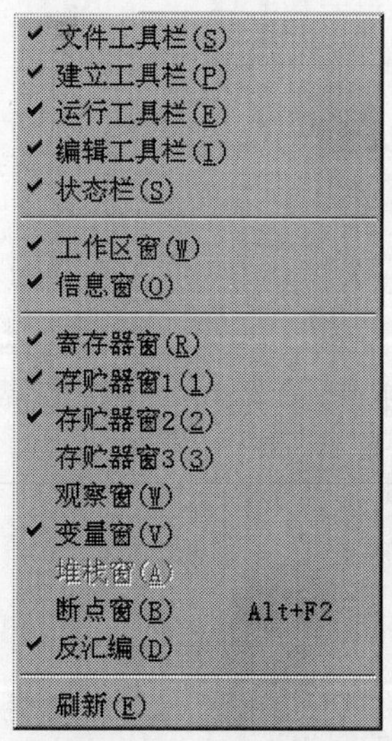

图 4-14　查看菜单

便。拖动窗口左边或上方的标题条,可将窗口移到合适的位置。

通过执行“主菜单”→“辅助”→“设置”→“格式”命令,可以设置每一个窗口使用的字体、大小、颜色。

对于高级语言,在程序前有一段库文件提供的初始化代码,⇨(当前可执行标志)不会出现在文件行上，如果使用C语言，可将光标移到main函数上，按F4功能键，让CPU全速运行到main行上后停下；如果使用PL/M语言，按F7功能键，让CPU"单步进入"，运行到任何一个可执行行后停下。

还可以使用以下命令调试程序：

设置或清除断点(功能键F2)，在当前光标行上设置或清除一个断点。

单步进入(功能键F7)，单步执行当前行，可进入函数或子程序。

连续单步进入(功能键Ctrl+F7)，单击或按任意键后，停止运行。

单步(功能键F8)，单步执行当前行或当前指令，将函数或子程序作为一条指令来执行。如果当前行中含有函数、子程序或发生中断，CPU将它们作为一条指令执行。

连续单步(功能键Ctrl+F8)，连续执行单步操作，单击或按任意键后，停止运行。

运行到光标行(功能键F4)，从当前地址开始全速运行用户程序，碰到光标行、断点或单击，停止运行。

全速断点(功能键F9)，从当前地址开始全速运行用户程序，碰到断点或单击，停止运行。

全速运行(功能键Ctrl+F10)，从当前地址开始全速运行用户程序，此时，按用户系统的复位键，CPU从头开始执行用户程序，单击，停止运行。全速运行时，屏蔽了所有断点，即不会响应任何断点。

停止运行。

终止微机与仿真器之间的通信(功能键Esc)。

注意：欲终止微机与仿真器之间通信，功能键Esc是一个很方便的键，它的效果比单击相应图标的效果要好。建议用户多用Esc键。在系统运行"连续单步"或者"连续单步进入"时Esc键被禁止，这时用户可以按键盘的其他任意键停止其运行。

实验1　显示字符实验

一、实验目的

(1) 了解汇编语言程序的运行环境和所需的系统程序。

(2) 熟悉在宏汇编程序MASM环境下，对源程序进行编辑、汇编、连接、运行。

(3) 掌握常用的DEBUG命令。进一步熟练用DEBUG对源程序进行动态调试，掌握一些常用的调试命令和方法。

二、实验内容

在屏幕上显示一条'THIS IS A SAMPLE PROGRAM OF KEYBOARD AND DISPLAY'提示信息，如从键盘上输入ESC键，则结束程序；如输入的是小写字母，则在显示器上显示；如输入的是大写字母，则转换为小写字母输出。实验流程参考图4-15。

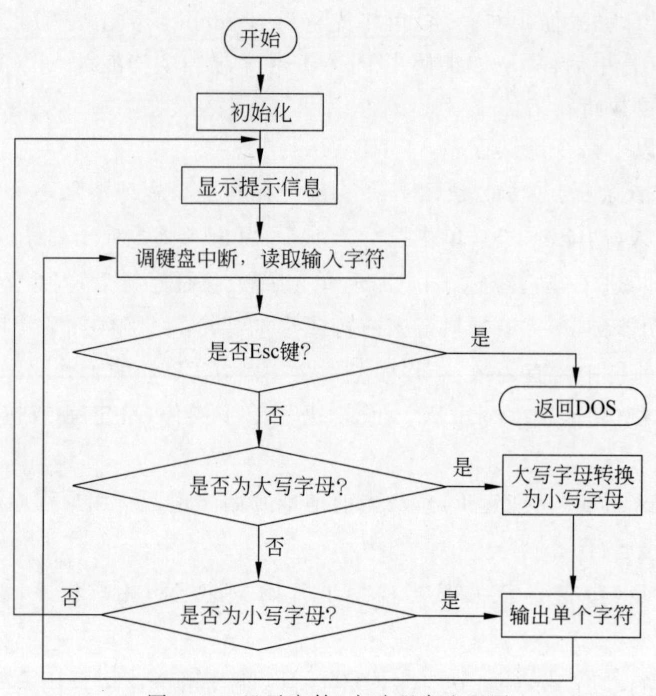

图 4-15　显示字符^实验程序流程图

三、实验步骤

实验步骤：

（1）打开星研集成环境软件，建立源程序。

（2）编译连接、调试程序，查看结果。

四、实验报告

观察汇编、连接及调试时产生的错误，说明其原因及解决办法。

参考例程：

```
DATA   SEGMENT
MESSAGE   DB   0DH,0AH
    DB  'THIS IS A SAMPLE PROGRAM OF KEYBOARD AND DISPLAY', 0DH, 0AH
    DB  'PLEASE STRIKE THE KEY!', 0DH, 0AH, '$'
DATA    ENDS
_STACK  SEGMENT  STACK  'STACK'
        DW   100H  DUP (?)
_STACK  ENDS
CODE    SEGMENT
        ASSUME CS: CODE, DS: DATA, SS: _STACK
START:  MOV  AX, DATA
        MOV  DS, AX
```

```
MAS:    MOV   DX, OFFSET MESSAGE
        MOV   AH,9
        INT   21H
AGAIN:  MOV   AH,1
        INT   21H
        CMP   AL,1BH                  ;1B 为 ESC 的 ASCII 码
        JE    EXIT                    ;ESC 程序结束
        CMP   AL,61H
        JC    CAP                     ;是大写字母,转 CAP
        CMP   AL,7BH                  ;7A 是小写 z 的 ASCII 码
        JC    LOW                     ;是小写字母,转 LOW
        JMP   MAS
CAP:    ADD   AL, 20H
LOW:    MOV   DL, AL
        MOV   AH,2
        INT   21H
        JMP   AGAIN
EXIT:   MOV   AH,4CH
        INT   21H
CODE    ENDS
END     START
```

实验 2　响 铃 程 序

一、实验目的

(1) 熟悉 8086 指令,掌握汇编语言程序设计方法。

(2) 熟悉在汇编程序 MASM 环境下,对源程序进行编辑、汇编、连接、运行的方法。

二、实验内容

编写程序,从键盘输入,如果输入数字 N,则响铃 N 次,要求 N 为 1～9;若输入不符合要求,则不响,需要重新输入。

三、实验程序及参考例程

参考例程:

```
DATA   SEGMENT
   MESSAGE  DB  0DH,0AH,'Please strick the key:', 0DH, 0AH, '$'
DATA   ENDS
_STACK  SEGMENT  STACK  'STACK'
    DW  100H  DUP (?)
_STACK  ENDS
CODE   SEGMENT
```

```
    ASSUME CS:CODE,DS:DATA, SS:_STACK
START:  MOV  AX,DATA
        MOV  DS,AX
MESS:   MOV  DX,OFFSET MESSAGE
        MOV  AH,9
        INT  21H
KKK:    MOV  AH,01H
        INT  21H             ;输入数字,要求在 0~9 之间
        CMP  AL,1BH
        JE   EXIT            ;是 ESC 键,程序结束
        CMP  AL, 39H
        JA   MESS            ;大于 9,重新输入
        CMP  AL,30H
        JBE  MESS            ;小于或等于 0,重新输入
        AND  AL,0FH          ;取数字
        XOR  AH,AH
        MOV  BX,AX           ;数字存在 BX 中
GO:     MOV  AH,02H
        MOV  DL,07H
        INT  21H             ;响铃
        MOV  CX,30H
NEXT:   LOOP NEXT            ;延时
        DEC  BX
        JNZ  GO              ;响铃 BX 次
        JMP  MESS
EXIT:   MOV  AX,4C00H
        INT  21H
CODE    ENDS
END     START
```

实验 3 排　　序

一、实验目的

(1) 熟悉使用 8086 指令,掌握汇编语言的设计和调试方法。

(2) 掌握多重循环程序设计方法。

二、实验内容

将 20 个无符号字节类型的数由大到小排序,排序后的数仍放在该区域中,观察数据段中排序结果。

三、实验程序流程图及参考例程

程序流程图如图 4-16 所示。

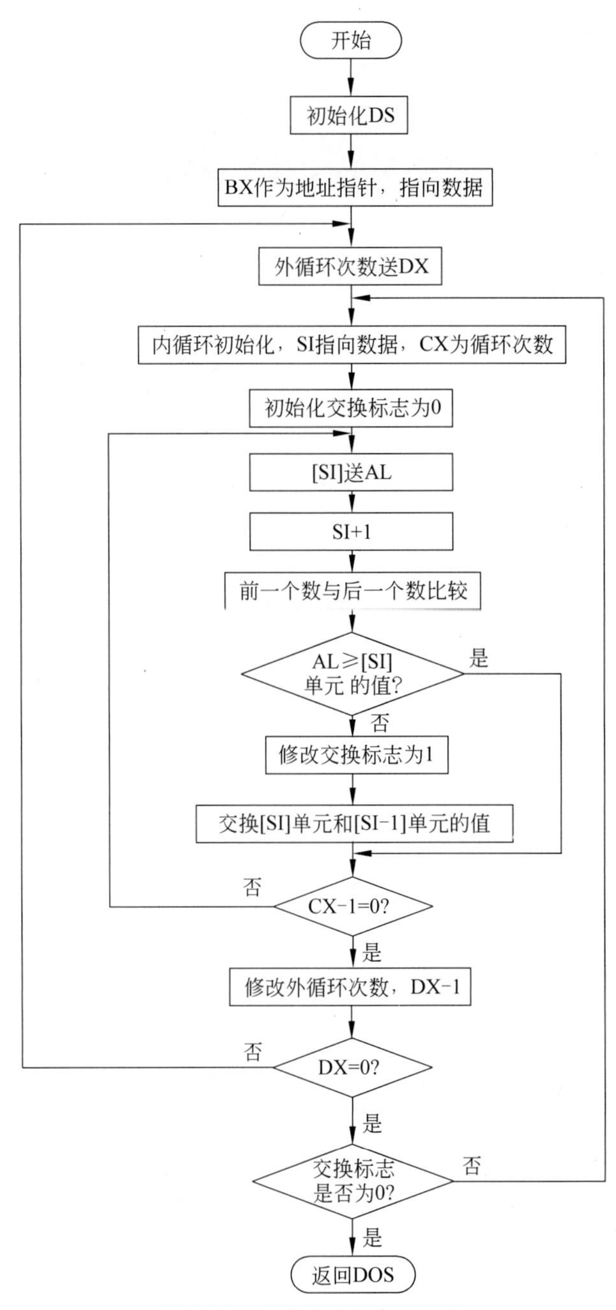

图 4-16　排序实验程序流程图

参考例程：

```
LEN     EQU  20
DATA    SEGMENT
    BUFF    DB   10H,30H,50H,20H,40H,80H,90H,60H,70H,11H        ;定义 20 个数据
            DB   12H,13H,16H,17H,14H,15H,19H,18H,21H,22H
```

```
  CHANGE   DB  0                              ;设置交换标志
DATA       ENDS
STACK1     SEGMENT  STACK  'STACK'
           DW 100 DUP(?)
STACK1     ENDS
CODE       SEGMENT
    ASSUME CS:CODE, DS:DATA, SS:STACK1
START:     MOV AX, DATA
           MOV DS, AX
           LEA BX, BUFF                       ;BX 作数据的地址指针
           LEA DI, CHANGE                     ;DI 作交换标志
           MOV DX, LEN-1                      ;DX 保存循环次数
SORT:      MOV SI, BX                         ;内循环初始化,设置地址指针
           MOV CX, DX                         ;设置计数值,等于参加比较的数据数量
           MOV BYTE PTR[DI], 0                ;初始化交换标志
GOON:      MOV AL, [SI]                       ;内循环开始
           INC SI
           CMP AL, [SI]                       ;前一个数和后一个数比较
           JNC NEXT                           ;前大后小, 转 NEXT 不交换
           MOV BYTE PTR[DI], 1                ;前小后大, 置交换标志
           MOV AH, [SI]
           MOV [SI], AL                       ;交换
           MOV [SI-1], AH
NEXT:      LOOPGOON                           ;内循环结束
           DEC DX                             ;外循环减次数 1
           JZ  NEXT1                          ;外循环计数值为 0,程序结束
           CMP BYTE PTR[DI], 0                ;如果内循环中没有交换,程序结束
           JNZ SORT                           ;开始下一轮内循环
NEXT1:     MOV AH, 4CH
           INT 21H
CODE       ENDS
           END  START
```

实验 4　二分查找法

一、实验目的

熟悉使用 8086 指令,掌握汇编语言的设计和调试方法。

二、实验内容

编写并调试一个二分查找法程序,要求在一组从小到大排列的数据中查找一个数。

三、实验程序流程图

程序流程图如图 4-17 所示。

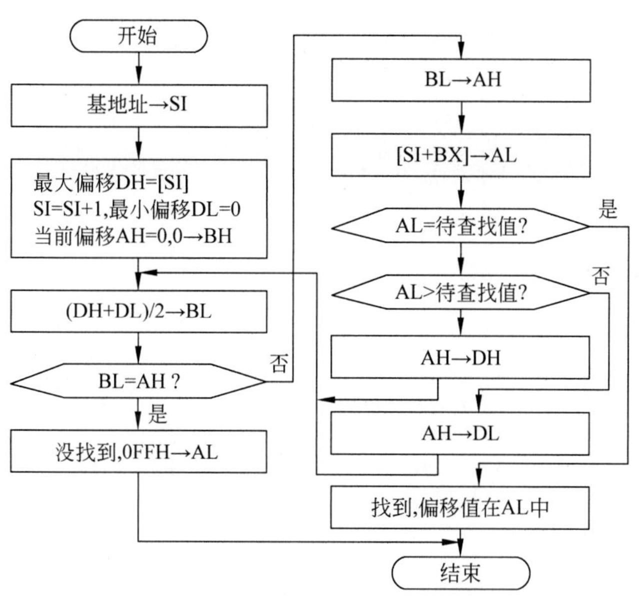

图 4-17　二分查找法实验流程图

四、实验步骤

在 Search_Data 中定义一个需要查找的数据，运行程序，观察是否能找到指定的数据，结果是否正确。

五、实验程序参考例程

参考例程：

```
              .MODEL     TINY
Search_Data   EQU        60                 ;需要查找的数据
              .STACK   100
              .DATA
TAB_1:        DB         32                 ;共有 32 个数
              DB         01,03,05,06,07,10,11,12,13,14,15,16,20,25,26,29
              DB         37,38,39,42,43,44,45,50,52,53,56,59,60,62,66,68
              .CODE
START:        MOV        AX,@ DATA
              MOV        DS,AX
              NOP
              LEA        SI,TAB_1
              LODSB
              MOV        DH,AL              ;最大位置
              MOV        DL,0               ;最小位置
              MOV        AH,0               ;当前位置
              XOR        BH,BH
STAR1:        MOV        BL,DH
              ADD        BL,DL
```

```
        CLC
        SHR     BL,1
        CMP     BL,AH
        JNE     STAR2
        MOV     AL,0FFH         ;没有找到
        JMP     NoFind
STAR2:  MOV     AH,BL
        MOV     AL,[SI+BX]
        CMP     AL,Search_Data
        JNZ     STAR3
        MOV     AL,AH
        JMP     Find
STAR3:  JB      STAR4
        MOV     DH,AH
        JMP     STAR1
STAR4:  MOV     DL,AH
        JMP     STAR1
Find:   JMP     $
NoFind: JMP     $

        END     START
```

六、思考题

程序只能实现256B范围内的查找,若查找范围大于256B,程序该怎么编写?

实验5　C语言与汇编语言混合编程

一、实验目的

掌握C语言与汇编语言混合编程。

二、实验内容

编写计算器程序,该计算器能够完成加减乘除运算,格式为X运算符 Y=。

三、实验程序参考例程

参考例程:

```
int temp;
void main(void)
{
    int temp1,oper;
    while(1)
    {
        oper=readnum();
        temp1 =temp;
        if(readnum() =='=')
```

```
        {
              switch(oper)
                {
                    case '+':
                            temp +=temp1;
                            break;
                    case '-':
                            temp=temp1 -temp;
                            break;
                    case '/':
                            temp=temp1/temp;
                            break;
                    case '*':
                            temp *=temp1;
                            break;
                    }
              displ(temp);       //显示结果
           }
        else
            break;
      }
}

int readnum()
{
      int a;
      temp=0;
    _asm
     {
       readnum1:
               mov ah,1
               int 21h
               cmp al,30h
               jb readnum2
               cmp al,39h
               ja readnum2
               sub al,30h
               shl temp,1
               mov bx,temp
               shl temp,2
               add temp,bx
               add byte ptr temp,al
               adc byte ptr temp+1,0
               jmp readnum1
       readnum2:
               mov ah,0
               mov a,ax
        }
      return a;
```

```
    }
displ(int displtemp)
{
        _asm
        {
                mov ax,displtemp
                mov bx,10
                push bx
        displ1:
                mov dx,0
                div bx
                push dx
                cmp ax,0
                jne displ1
        displ2:
                pop dx
                cmp dl,bl
                je displ3
                add dl,30h
                mov ah,2
                int 21h
                jmp displ2
        displ3:
                mov dl,13
                int 21h
                mov dl,10
                int 21h
        }
}
```

实验6 从键盘输入数据并显示

一、实验目的

掌握接收键盘数据的方法，了解键盘数据显示时须转换为ASCII码的原理，并在程序中设置错误出口。

二、实验内容

编写程序，将键盘接收的4位十六进制数转换为等值的二进制数，再显示在屏幕上。若输入的不是0～F间的数字，则显示出错信息，并要求重新输入。

三、实验程序流程图及参考例程

本实验的程序流程图如图4-18所示。

参考例程：

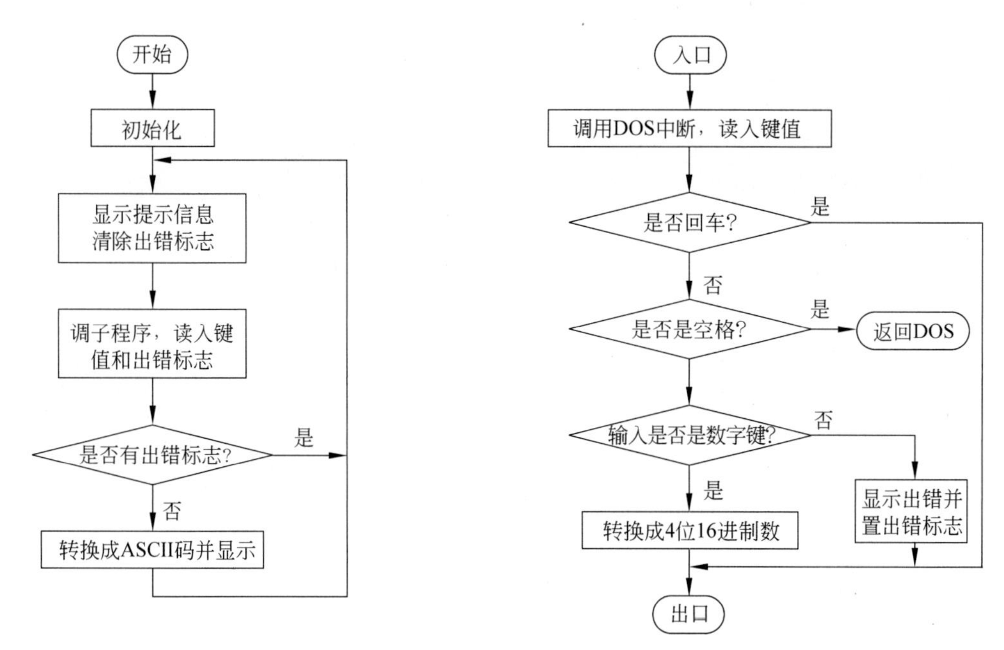

图 4-18　从键盘输入数据并显示程序流程图

```
;从键盘输入 4 位任意的十六进制数,以二进制的形式显示
;使用 1 号功能调用,输入的数字有回显
DATA  SEGMENT
MESS  DB  'INPUT  HEXNUMBER:$'
ERROR  DB  'INPUT ERROR!',0DH,0AH,'$'
DATA  ENDS
STACK  SEGMENT
STA  DW  32 DUP(?)
TOP  DW  ?
STACK  ENDS
CODE   SEGMENT
ASSUME  CS:CODE,DS:DATA,ES:DATA,SS:STACK
START:  MOV        AX,DATA
        MOV        DS,AX
        MOV        ES,AX
        MOV        SP,TOP
        MOV        AH,09H
        MOV        DX,OFFSET MESS
        INT        21H                   ;显示提示输入的信息
        CALL       GETNUM                ;接收输入的 4 位数值并送 DX
;将输入的数据以二进制数的形式显示,CX 为计数器,首先显示二进制数的高位
;利用循环左移和与操作将二进制数的高位取出,加上 30H 获得 ASCII 码,调用 2 号功能显示
        MOV        CX,0010H              ;16 位
        MOV        BX,DX
TTT:    ROL        BX,1                  ;循环左移 1 位
        MOV        DL,BL
        AND        DL,01H                ;屏蔽高 7 位
        ADD        DL,30H
        MOV        AH,02H                ;显示二进制位
```

```
        INT         21H                     ;对应的 ASCII 字符
        LOOP        TTT
        MOV         AX,4C00H
        INT         21H                     ;返回 DOS

;接收输入数值子程序

GETNUM  PROC    NEAR
        PUSH        CX
        XOR         DX,DX
GGG:    MOV         AH,01H                  ;从键盘输入字符
        INT         21H
        CMP         AL,0DH                  ;如果是回车符则转移到 PPP 处
        JZ          PPP
        CMP         AL,20H                  ;如果是空格符则转移到 PPP 处
        JZ          PPP

        CMP         AL,30H                  ;如果小于 0 则转移到 KKK 处
        JB          KKK

        SUB         AL,30H                  ;否则减去 30H,得到输入的数
        CMP         AL,0AH
        JB          GETS                    ;如果小于 10 则转移到 GETS 处,保存数码

;是否为大写字母(11H 相当于 41H)
;如果小于(41H)则转移到 KKK 处,提示错误并显示已有的数据
        CMP         AL,11H
        JB          KKK

;是否介于 A~F 之间? 如果是,转移到 GETS 处
        SUB         AL,07H
        CMP         AL,0FH
        JBE         GETS
;是否为小写字母 a~f? 如果小于 61H,则不是小写字母,转移到 KKK 处
        CMP         AL,2AH
        JB          KKK
;如果大于 f 则转移到 KKK 处, 否则将小写的 a~f 转换成大写的 A~F
        CMP         AL,2FH
        JA          KKK
        SUB         AL,20H
;将输入的数据存入 DX 中,每 4 位存 1 位数码,最多存 4 位数码
GETS:   MOV         CL,04
        SHL         DX,CL
        XOR         AH,AH
        ADD         DX,AX
        JMP         GGG

kkk:    push        dx
        MOV         AH,09H
        MOV         DX,OFFSET ERROR         ;提示输入错误
        INT         21H
        jmp         ppp1
```

```
PPP:    PUSH       DX                          ;回车换行,重新输入
ppp1:   CALL       CRLF
        POP        DX
        POP        CX
        RET
GETNUM  ENDP

;回车换行子程序
CRLF  PROC NEAR
        MOV        AH,02H
        MOV        DL,0DH
        INT        21H
        MOV        AH,02H
        MOV        DL,0AH
        INT        21H
        RET
CRLF ENDP

CODE    ENDS
END START
```

实验7 计 算 N!

一、实验目的

(1) 通过编制一个阶乘计算程序,了解高级语言中的数学函数是怎样在汇编语言一级上实现的。

(2) 掌握子程序的设计方法。

二、实验内容

编写计算 N!的程序。数值 N 由键盘输入,结果在屏幕上输出,N 的范围为 0~65535,即刚好能被一个 16 位寄存器容纳。

三、实验程序说明

编制阶乘程序的难点在于随着 N 的增大,其结果远大于寄存器所能容纳的最大值,这就必须把结果放在一个内存缓冲区中。然而乘法运算只能限制于两个字相乘,因此要确定好算法,依次从缓冲区中取数,进行两字相乘,并将 DX 中的高 16 位积作为产生的进位。程序根据阶乘的定义:$N! = N \times (N-1) \times (N-2) \times \cdots \times 2 \times 1$,从左往右依次计算,结果保存在缓冲区 BUF 中,缓冲区 BUF 按结果由低到高依次排列。程序首先将 BP 初始化为存放 N 值,然后使 BP 为 $N-1$,之后 BP 依次减 1,直至变为 1。每次让 BP 与 BUF 中的字单元按由低到高的次序相乘,低位结果 AX 仍保存在相应的 BUF 字单元中,最高位结果 DX 则进到进位字单元 CY 中,以作为高字单元相乘时从低字来的进位,初始化 CY 为 0,计算结果的长度随着乘积运算而不断增长,由字单元 LEN 指示。当最高字单元与 BP 相乘时,若 DX 不为 0,则结果长度要扩展。

四、实验程序流程图及参考例程

具体流程图如图 4-19 所示。

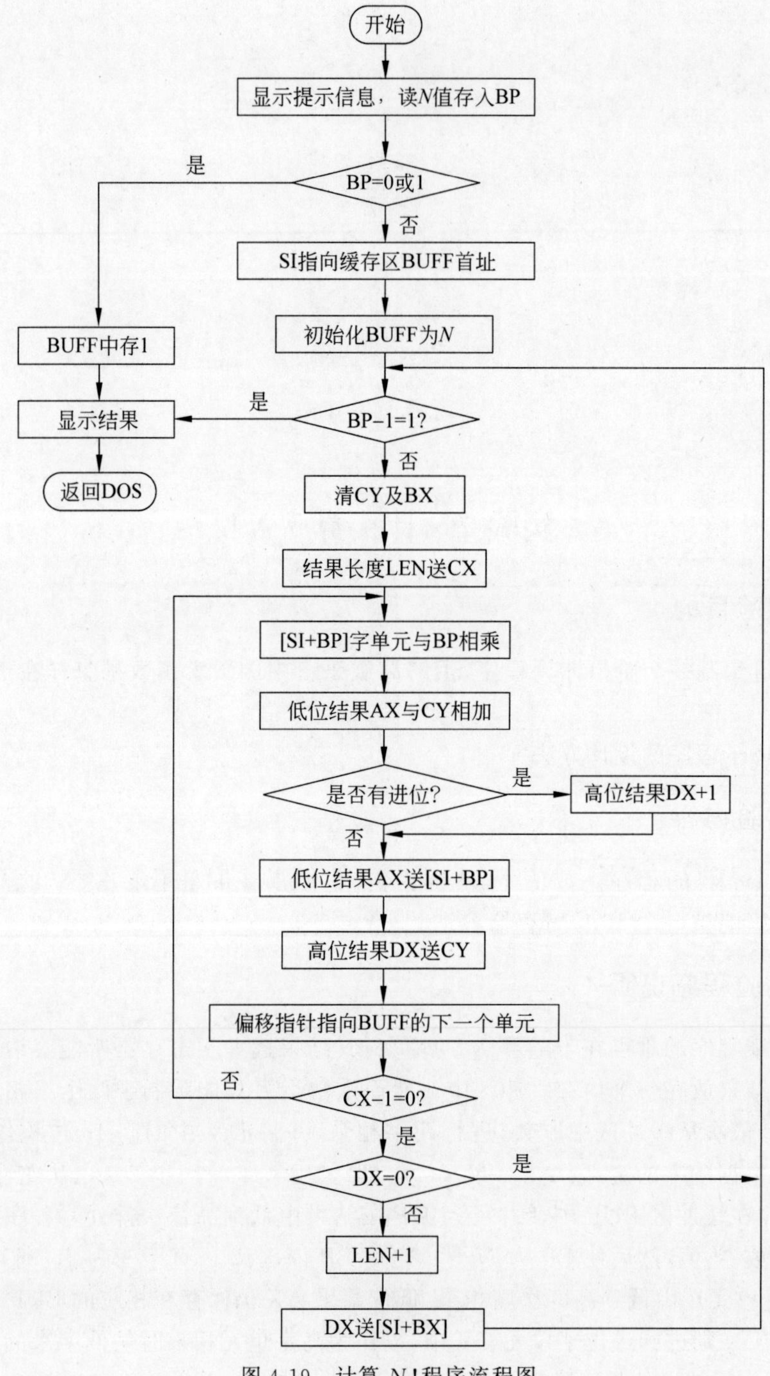

图 4-19　计算 N!程序流程图

参考例程：

```
CRLF  MACRO
      MOV       AH,02H
      MOV       DL,0DH
      INT       21H
      MOV       AH,02H
      MOV       DL,0AH
      INT       21H
ENDM
DATA  SEGMENT
MESS1 DB  'INPUT THE NUMBER ACCORDING TO HEXNUM!',0DH,0AH,'$'
MESS2 DB  'THE RESULT IS(HEX):$'
ERROR DB  'INPUT ERROR!',0DH,0AH,'$'
LEN   DW  1
CY    DW  ?
BUF   DW  256 DUP(0)
DATA  ENDS
STACK SEGMENT
STA   DW  32 DUP(?)
TOP   DW  ?
STACK ENDS
CODE SEGMENT
ASSUME CS:CODE,DS:DATA,ES:DATA,SS:STACK
START:MOV       AX,DATA
      MOV       DS,AX
      MOV       ES,AX
      MOV       SP,TOP
      MOV       AH,09H
      MOV       DX,OFFSET MESS1
      INT       21H                 ;显示输入提示信息
      CALL      GETNUM              ;读取输入的 N 值
      MOV       BP,DX               ;N 值送 BP
      CMP       BP,0
      JZ        EEE
      CMP       BP,1
      JZ        EEE                 ;N=0 或 N=1 则转 EEE
      MOV       SI,OFFSET BUF       ;缓冲区首地址
      MOV       [SI],DX             ;缓冲区初始化为值 N
XXX:  DEC       BP                  ;N 值减 1
      CMP       BP,0001H
      JZ        LLL                 ;若为 1 则转结束 LLL
      XOR       BX,BX               ;偏移指针清 0
      MOV       WORD PTR [CY],0     ;进位单元清 0
      MOV       CX,[LEN]            ;当前结果长度送 CX
TTT:  MOV       AX,[SI+BX]
      MUL       BP                  ;相乘
      ADD       AX,[CY]             ;加低位进位
      JNC       JJJ                 ;结果无进位转 JJJ
      INC       DX                  ;有进位高位单元加 1
```

```
JJJ:  MOV       [SI+BX],AX          ;结果送缓冲区
      MOV       [CY],DX             ;高位单元送进位单元
      INC       BX
      INC       BX                  ;一个字长度
      LOOP      TTT                 ;循环
      CMP       DX,0000H
      JZ        BBB                 ;最后一次的进位为 0 则转 BBB
      INC       WORD PTR [LEN]      ;长度加 1
      MOV       [SI+BX],DX          ;进位送缓冲区
BBB:  JMP       XXX
EEE:  MOV       SI,OFFSET BUF
      MOV       WORD PTR [SI],1     ;结果为 1
LLL:  MOV       AH,09H
      MOV       DX,OFFSET MESS2
      INT       21H
      MOV       CX,[LEN]
      MOV       BX,CX               ;长度
      DEC       BX
      SHL       BX,1                ;一个字为两个字节
CCC:  MOV       AX,[SI+BX]
      CALL      DISP
      DEC       BX
      DEC       BX                  ;显示结果
      LOOP      CCC
      MOV       AX,4C00H            ;结束
      INT       21H
DISP1 PROC      NEAR
      MOV       BL,AL
      MOV       DL,AL
      MOV       CL,04
      ROL       DL,CL
      AND       DL,0FH
      CALL      DISPL
      MOV       DL,BL
      AND       DL,0FH
      CALL      DISPL
      RET
DISP1 ENDP
DISPL PROC NEAR
      ADD       DL,30H
      CMP       DL,3AH
      JB        DDD
      ADD       DL,27H
DDD:  MOV       AH,02H
      INT       21H
      RET
DISPL ENDP
DISP  PROC      NEAR
      PUSH      BX
```

```
        PUSH        CX
        PUSH        DX
        PUSH        AX
        MOV         AL,AH
        CALL        DISP1
        POP         AX
        CALL        DISP1
        POP         DX
        POP         CX
        POP         BX
        RET
DISP    ENDP                              ;参见字符和数据显示程序清单
GETNUM PROC   NEAR
        PUSH        CX
        XOR         DX,DX
GGG:    MOV         AH,01H
        INT         21H
        CMP         AL,0DH
        JZ          PPP
        CMP         AL,20H
        JZ          PPP
        SUB         AL,30H
        JB          KKK
        CMP         AL,0AH
        JB          GETS
        CMP         AL,11H
        JB          KKK
        SUB         AL,07H
        CMP         AL,0FH
        JBE         GETS
        CMP         AL,2AH
        JB          KKK
        CMP         AL,2FH
        JA          KKK
        SUB         AL,20H
GETS:   MOV         CL,04
        SHL         DX,CL
        XOR         AH,AH
        ADD         DX,AX
        JMP         GGG
KKK:    MOV         AH,09H
        MOV         DX,OFFSET ERROR
        INT         21H
PPP:    PUSH        DX
        CRLF
        POP         DX
        POP         CX
        RET
GETNUM  ENDP
```

```
CODE  ENDS
END  START
```

实验8 两个多位十进制数相减

一、实验目的

(1) 学习数据传送和算术运算指令的用法。

(2) 熟悉在计算机上建立、汇编、链接、调试和运行汇编语言程序的过程。

二、实验内容

将两个多位十进制数相减,要求被减数和减数均以ASCII码形式顺序存放在以DATAI和DATA2为首的5个内存单元中(低位在前),结果送DATA1处。

三、实验程序流程图及参考例程

本实验的程序流程图如图4-20所示。

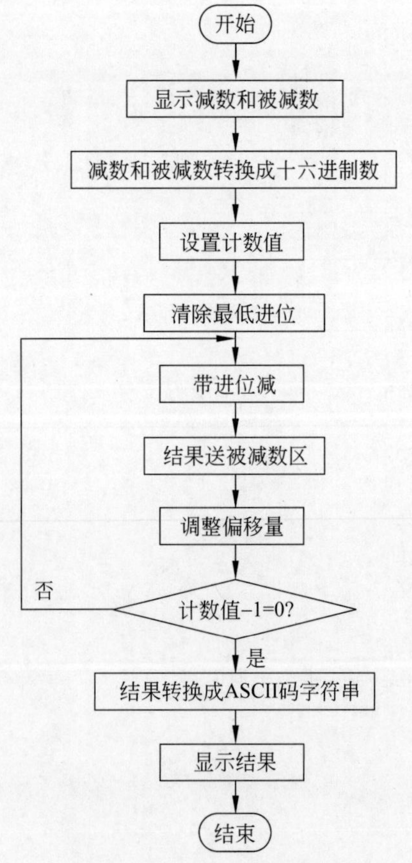

图4-20 两个多位十进制数相减程序流程图

参考例程：

```
DATA SEGMENT
DATA1   DB   33H,39H,31H,37H,34H          ;第一个数据(作为被加数)
DATA2   DB   36H,35H,30H,38H,32H          ;第二个数据(作为加数)
DATA ENDS
STACK SEGMENT                             ;堆栈段
STA      DW   20 DUP(?)
TOP EQU LENGTH STA
STACK ENDS
CODE SEGMENT
ASSUME CS:CODE,DS:DATA,SS:STACK,ES:DATA
START:  MOV    AX,DATA
        MOV    DS,AX
        MOV    AX,STACK
        MOV    SS,AX
        MOV    AX,TOP
        MOV    SP,AX
        MOV    SI,OFFSET DATA2
        MOV    BX,05
        CALL   DISPL                      ;显示被加数
        CALL   CRLF
        MOV    SI,OFFSET  DATA1
        MOV    BX,05                      ;显示加数
        CALL   DISPL
        CALL   CRLF
        MOV    DI,OFFSET  DATA2
        CALL   ADDA                       ;加法运算
        MOV    SI,OFFSET  DATA1
        MOV    BX,05                      ;显示结果
        CALL   DISPL
        CALL   CRLF
        MOV    AX,4C00H
        INT    21H
DISPL   PROC   NEAR                       ;显示子功能
DSI:    MOV    AH,02
        MOV    DL,[SI+BX-1]               ;显示字符串中一个字符
        INT    21H
        DEC    BX                         ;修改偏移量
        JNZ    DSI
        RET
DISPL   ENDP
ADDA    PROC   NEAR
        MOV    DX,SI
```

```
        MOV    BP,DI
        MOV    BX,05
AD1:    SUB    BYTE PTR[SI+BX-1],30H
        SUB    BYTE PTR[DI+BX-1],30H
        DEC    BX                            ;将 ASCII 码表示的数字串
        JNZ    AD1                           ;转换为十六进制的数字
        MOV    SI,DX
        MOV    DI,BP
        MOV    CX,05                         ;包括进位,共 5 位
        CLC                                  ;清进单位
AD2:    MOV    AL,[SI]
        MOV    BL,[DI]
        ADC    AL,BL                         ;带进位相加
        AAA                                  ;非组合 BCD 码的加法调整
        MOV    [SI],AL                       ;结果送被加数区
        INC    SI
        INC    DI                            ;指向下一位
        LOOP   AD2                           ;循环
        MOV    SI,DX
        MOV    DI,BP
        MOV    BX,05
AD3:    ADD    BYTE PTR  [SI+BX-1],30H
        ADD    BYTE PTR  [DI+BX-1],30H
        DEC    BX                            ;十六进制的数字串转化
        JNZ    AD3                           ;ASCII 码表示的数字串
        RET
ADDA    ENDP
CRLF    PROC   NEAR                          ;建立宏指令
        MOV    DL,0DH
        MOV    DL,02H
        INT    21H
        MOV    DL,0AH
        MOV    AH,02H
        INT    21H
        RET
CRLF    ENDP
CODE    ENDS
END     START
```

实验 9　接收月/日/年信息并显示

一、实验目的

学习汇编语言编程技巧,掌握响铃方法。

二、实验内容

显示输入提示信息并响铃一次，然后接收键盘输入的月/日/年信息，并显示。若输入月份日期不对，则显示错误提示并要求重新输入。

三、实验程序流程图及参考例程

本实验的程序流程图如图 4-21 所示。

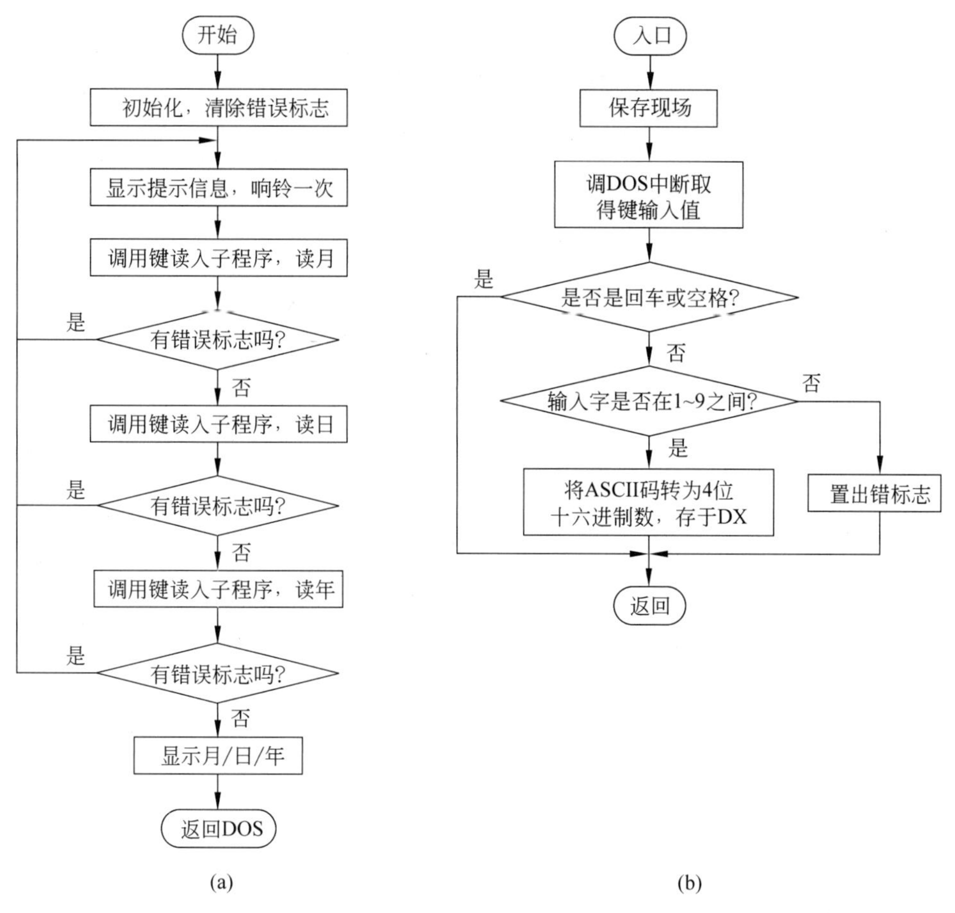

图 4-21 接收月/日/年信息并显示程序流程图

(a) 主程序流程图；(b) 子程序流程图

参考例程：

```
CRLF  MACRO
      MOV    AH,02H
      MOV    DL,0DH
      INT    21H
      MOV    AH,02H
      MOV    DL,0AH
```

```
        INT    21H
ENDM
DATA  SEGMENT
MESS  DB    'WHAT IS THE DATE(MM/DD/YY)? ',0DH,0AH,'$'
ERROR DB    'INPUT ERROR!',0DH,0AH.'$'
DATA  ENDS
_STACK  SEGMENT  STACK  'STACK'
      DW  32  DUP(?)
_STACK  ENDS
CODE   SEGMENT
ASSUME CS:CODE,DS:DATA,ES:DATA,SS:_STACK
START: MOV    AX,DATA
       MOV    DS,AX
       MOV    ES,AX
       MOV    AH,09H
       MOV    DX,OFFSET MESS
       INT    21H                  ;显示提示信息
       MOV    AH,02H
       MOV    DL,07H
       INT    21H                  ;响铃 1 次
       CALL   GETNUM
       PUSH   DX
       CALL   GETNUM
       PUSH   DX
       CALL   GETNUM               ;接收键入的月值,日值及年值
       MOV    AX,DX
       CALL   DISP                 ;显示年值
       NOP
       MOV    AH,02H
       MOV    DL,'-'               ;显示`-`
       INT    21H
       POP    DX
       POP    AX
       PUSH   DX
       CALL   DISPP
       MOV    AH,02H
       MOV    DL,'-'
       INT    21H
       POP    AX
       CALL   DISPP                ;显示日值
       MOV    AX,4C00H
       INT    21H                  ;返回 DOS
DISPP  PROC   NEAR
       MOV    BL,AL
```

```
        MOV     DL,BL
        MOV     CL,04
        ROL     DL,CL
        AND     DL,0FH
        CALL    DISPL
        MOV     DL,BL
        AND     DL,0FH
        CALL    DISPL
        RET
DISPP   ENDP
DISPL   PROC    NEAR
        ADD     DL,30H
        CMP     L,D3AH
        JB      DDD
        ADD     DL,27H
DDD:    MOV     AH,02H
        INT     21H
        RET
DISPL   ENDP
DISP    PROC    NEAR
        PUSH    BX
        PUSH    CX
        PUSH    DX
        PUSH    AX
        MOV     AL,AH
        CALL    DISPP
        POP     AX
        CALL    DISPP
        POP     DX
        POP     CX
        POP     BX
        RET
DISP    ENDP
GETNUM  PROC    NEAR
        PUSH    CX
        XOR     DX,DX
GGG:    MOV     AH,01H
        INT     21H
        CMP     AL,0DH
        JZ      PPP
        CMP     AL,20H
        JZ      PPP
        SUB     AL,30H
        JB      KKK
```

```
        CMP    AL,0AH
        JB     GETS
        CMP    AL,11H
        JB     KKK
        SUB    AL,07H
        CMP    AL,0FH
        JBE    GETS
        JB     KKK
        CMP    AL,2FH
        JA     KKK
        SUB    AL,20H
GETS:   MOV    CL,04
        SHL    DX,CL
        XOR    AH,AH
        ADD    DX,AX
        JMP    GGG
KKK:    MOV    AH,09H
        MOV    DX,OFFSET ERROR
        INT    21H
PPP:    PUSH   DX
        CRLF
        POP    DX
        POP    CX
        RET
GETNUM    ENDP
CODE  ENDS
END   START
```

实验 10　学生成绩名次表

一、实验目的

(1) 进一步熟悉排序方法。

(2) 掌握多重循环程序设计的方法。

二、实验内容

根据提示将 0～100 之间的 10 个成绩存入首地址为 1000H 的单元，1000H＋i 表示学号为 i 的学生成绩，编写程序在 2000H 开始的区域排出名次表，2000H＋i 为学号 i 的学生的名次，并将其显示在屏幕上。

三、实验程序流程图及参考例程

本实验的程序流程图如图 4-22 所示。

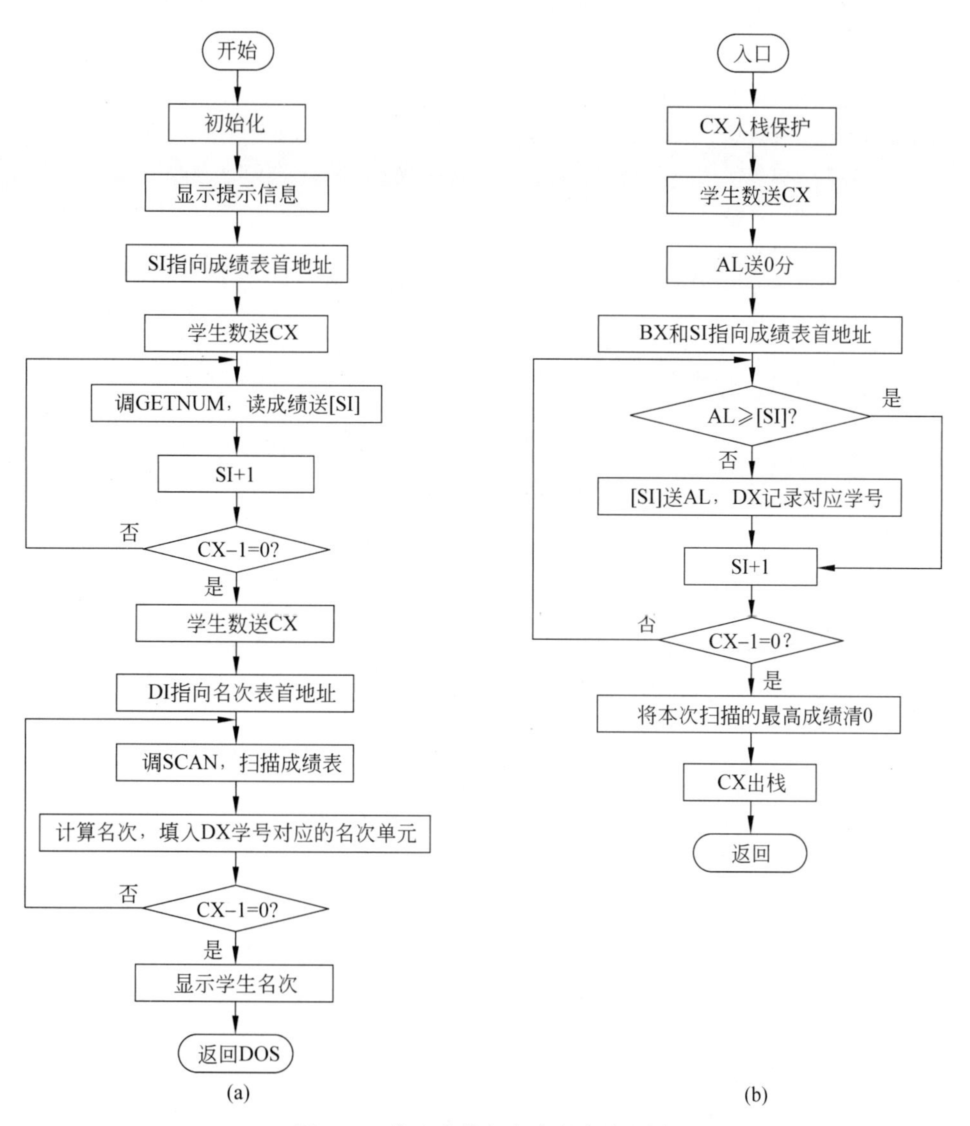

图 4-22　学生成绩名次表程序流程图

（a）主程序流程图；（b）SCAN 子程序流程图

参考例程：

```
CRLF  MACRO
      MOV   AH,02H
      MOV   DL,0DH
      INT   21H
      MOV   AH,02H
      MOV   DL,0AH
      INT   21H
ENDM
```

```
DATA  SEGMENT
STUNUM EQU  10
MESS1  DB  'INPUT 10 STUDENTS SCORE',0DH,0AH,'$'
ERROR  DB  'INPUT  ERROR!',0DH,0AH,'$'
      ORG  1000H
SCORE  DB  30 DUP(?)
      ORG  2000H
SEQU    DB  30 DUP(?)
DATA   ENDS
_STACK  SEGMENT  STACK  'STACK'
    DW  32  DUP(?)
_STACK  ENDS
CODE   SEGMENT
ASSUME  CS:CODE,DS:DATA,ES:DATA,SS:_STACK
START: MOV    AX,DATA
       MOV    DS,AX
       MOV    ES,AX
       MOV    AH,09H
       MOV    DX,OFFSET MESS1
       INT    21H                     ;显示提示信息
       MOV    SI,OFFSET SCORE         ;成绩表首址
       MOV    CX,STUNUM               ;学生数送 CX
UUU:   CALL   GETNUM                  ;读取键入数值送 DX
       MOV    [SI],DL                 ;存入成绩表缓冲区
       INC    SI                      ;指向下一单元
       LOOP   UUU
       MOV    CX,STUNUM               ;学生数
       MOV    DI,OFFSET SEQU          ;名次表首址
VVV:   CALL   SCAN                    ;扫描子程序
       MOV    AL,STUNUM               ;学生数
       SUB    AL,CL
       INC    AL                      ;计算名次
       MOV    BX,DX
       MOV    [DI+BX],AL              ;记 DX 学号对应名次
       LOOP   VVV
       MOV    CX,STUNUM               ;学生数
       MOV    SI,OFFSET SEQU          ;名次表首址
WWW:   MOV    AL,[SI]
       CALL   DISPI
       PUSH   DX
       PUSH   AX
       MOV    AH,02
       MOV    DL,20H
       INT    21H
```

```
        POP     AX
        POP     DX
        INC     SI
        LOOP    WWW                     ;显示排定的学生名次
        MOV     AX,4C00H
        INT     21H
SCAN    PROC    NEAR                    ;子程序,每扫描一遍成绩表缓冲区, 找出其
        PUSH    CX                      ;中成绩最高者(由 DX 指针指示对应学生),之
        MOV     CX,STUNUM               ;后将该成绩清除以便下一次扫描学生数最低
        MOV     AL,00H                  ;成绩
        MOV     BX,OFFSET SCORE
        MOV     SI,BX                   ;指向成绩表首地址
CCC:    CMP     AL,[SI]
        JAE     JJJ                     ;AL 中的成绩不低于成绩表指
        MOV     AL,[SI]                 ;针 SI 所指单元的成绩,则转 JJ
        MOV     DX,SI                   ;AL 存放较高的成绩
        SUB     DX,BX                   ;DX 为对应学号
JJJ:    INC     SI                      ;指向下一单元
        LOOP    CCC
        ADD     BX,DX
        MOV     BYTE PTR [BX],00H       ;本次扫描成绩最高者清零
        POP     CX
        RET
SCAN  ENDP
DISPI   PROC    NEAR
        PUSH    CX
        MOV     BL,AL
        MOV     DL,BL
        MOV     CL,04
        ROL     DL,CL
        AND     DL,0FH
        CALL    DISPL
        MOV     DL,BL
        AND     DL,0FH
        CALL    DISPL
        POP     CX
        RET
DISPI  ENDP
DISPL  PROC     NEAR
       ADD      DL,30H
       CMP      DL,3AH
       JB       DDD
       ADD      DL,27H
DDD:   MOV      AH,02H
```

```
        INT     21H
        RET
DISPL  END
GETNUM  PROC  NEAR
        PUSH    CX
        XOR     DX,DX
GGG:    MOV     AH,01H
        INT     21H
        CMP     AL,0DH
        JZ      PPP
        SUB     AL,30H
        JB      KKK
        CMP     AL,0AH
        JB      GETS
        CMP     AL,11H
        JB      KKK
        SUB     AL,07H
        CMP     AL,0FH
        JBE     GETS
        CMP     AL,2AH
        JB      KKK
        CMP     AL,2FH
        JA      KKK
        SUB     AL,20H
GETS:   MOV     CL,04
        SHL     DX,CL
        XOR     AH,AH
        ADD     DX,AX
        JMP     GGG
KKK:    MOV     AH,09H
        MOV     DX,OFFSET  ERROR
        INT     21H
PPP:    PUSH    DX
        CRLF
        POP     DX
        POP     CX
        RET
GETNUM  ENDP
CODE    ENDS
END     START
```

第5章

存　储　器

5.1　知识要点

1. 半导体存储器的分类

半导体存储器分为随机读/写存储器(RAM)和只读存储器(ROM)。随机读/写存储器又可分为静态随机读/写存储器(SRAM)和动态随机读/写存储器(DRAM)。静态随机读/写存储器是利用双稳态触发器存储信息,动态随机读/写存储器是利用电容存储信息,由于电容泄漏电荷,存储单元的电荷需要定时补充,所以动态随机读/写存储器需要刷新。

2. 引脚

所有的存储器器件都有地址输入引脚,数据输出或者数据输入/输出引脚,从多片存储芯片中选定一个芯片的片选引脚,以及控制读/写操作的控制引脚。地址线接收的地址信息用于选择存储芯片内部的存储单元。数据线负责数据的输出或者输入/输出。芯片选择线用于选中该器件,或者说激活该器件。片选择线常被标识为片选、片使能或简称为选择,每个存储器件都有控制数据输入/输出的控制线,通常标记为$\overline{OE}$、$\overline{WE}$,低电平有效。

3. 常用芯片

常用的SRAM芯片有6116(2K×8b)、6232(4K×8b)、6264(8K×8b)、62128(16K×8b)、62256(32K×8b)和62512(64K×8b)等。

4. 芯片的应用

存储器芯片的应用就是将芯片正确地接入计算机系统。根据CPU要求的地址范围,将芯片上的各种信号与计算机系统的地址线、数据线和控制线连接在一起,存储器芯片就接入了计算机系统。

(1) 数据线的连接。系统中所有的数据线都必须和芯片的数据线直接关联,双方都不能有剩余。如果芯片上的数据线和系统中的数据线的数量一致,则将它们一对一相连;如果芯片上的数据线少于系统中的数据线,如 2114(1K×4b)只有 4 根数据线,则必须选用 2 片芯片组成一组,构成数据线为 8 根的存储器芯片组,才可以与 8088 CPU 相连。如果芯片上的数据线多于系统中的数据线,说明选择的芯片不合适,必须更换。

(2) 控制信号线的连接。存储器只有两种操作:读和写。相应的与读/写有关的控制信号通常只有两个:写允许和输出允许。它们应该分别与系统中的读/写控制信号相连。

(3) 地址线的连接。一般存储芯片上地址线的数量比计算机系统中的地址线少,所以将芯片正确地接入计算机系统,必须解决地址线不匹配的问题。芯片在接入系统中时,芯片上的地址线和系统中的低位地址线一对一相连,使 CPU 可以选择芯片内任一存储单元。系统中剩余的地址线在芯片中没有对应线,不能直接与芯片发生关联。

将一组输入信号转换为一个输出信号,称为译码。将系统中剩余的地址信号经过译码电路转换为一个输出信号,作为芯片的片选信号,称为地址译码。经过地址译码,系统中全部地址线都与芯片产生了关联,使芯片中每一个存储单元在系统的地址空间中都有唯一的一个物理地址。地址译码是存储器芯片应用的核心和关键。

地址译码的方法有全地址译码和部分地址译码。

5. 只读存储器

只读存储器 ROM 一般用于存放固定的程序,如 BIOS。常用的只读存储器类型有掩膜式 ROM、可编程 ROM(PROM)、可擦除可编程 ROM(EPROM)、电可擦除可编程 ROM(EEPROM)和闪存(Flash Memory)。

5.2 习题解答

1. 半导体存储器按照工作方式可分为哪两大类?它们的主要区别是什么?

解:

(1) 半导体存储器按照工作方式可分为 ROM 和 RAM 。

(2) 它们之间的主要区别是 ROM 在正常工作时只能读出,不能写入。RAM 则可读可写。断电后,ROM 中的内容不会丢失,RAM 中的内容会丢失。

2. 动态 RAM 为什么需要定时刷新?

解:DRAM 的存储单元以电容存储信息,由于存在漏电现象,电容中存储的电荷会逐渐泄漏,从而使信息丢失或出现错误,因此需要对这些电容定时刷新。

3. 存储器的地址译码方法有哪两种方式?

解:存储器的地址译码方法有全地址译码和部分地址译码。

4. 设计一个 4KB ROM 与 4KB RAM 组成的存储器系统,芯片分别选用 2716(2K×8b)和 6116(2K×8b),其地址范围分别为 4000H~4FFFH 和 6000H~6FFFH,CPU 地址空间为 64KB,画出存储系统与 CPU 的连接图。

解：分析：2716(2K×8b)　11 根地址线　$A_0 \sim A_{10}$

6116(2K×8b)　11 根地址线　$A_0 \sim A_{10}$

分别需要芯片的个数：

2716：(4K×8b)/(2K×8b)=2

6116：(4K×8b)/(2K×8b)=2

将地址展开成二进制：4KB 的 ROM 地址空间为 4000H～4FFFH。

A_{15}	A_{14}	A_{13}	A_{12}	A_{11}	A_{10}	A_9	A_8	A_7	A_6	A_5	A_4	A_3	A_2	A_1	A_0
0	1	0	0	0	0	0	0	0	0	0	0	0	0	0	0
0	1	0	0	0	1	1	1	1	1	1	1	1	1	1	1
0	1	0	0	1	0	0	0	0	0	0	0	0	0	0	0
0	1	0	0	1	1	1	1	1	1	1	1	1	1	1	1

2716(2K×8b)：2 片。

第 1 片地址范围：4000H～47FFH。

第 2 片地址范围：4800H～4FFFH。

4KB 的 RAM 地址空间为 6000H～6FFFH。

A_{15}	A_{14}	A_{13}	A_{12}	A_{11}	A_{10}	A_9	A_8	A_7	A_6	A_5	A_4	A_3	A_2	A_1	A_0
0	1	1	0	0	0	0	0	0	0	0	0	0	0	0	0
0	1	1	0	0	1	1	1	1	1	1	1	1	1	1	1
0	1	1	0	1	0	0	0	0	0	0	0	0	0	0	0
0	1	1	0	1	1	1	1	1	1	1	1	1	1	1	1

6116(2K×8b)：2 片。

第 1 片地址范围：6000H～67FFH。

第 2 片地址范围：6800H～6FFFH。

利用 CPU 的剩余地址线 $A_{11} \sim A_{15}$，使用 3：8 译码器进行全地址译码，生成片选信号：$\overline{Y0}$、$\overline{Y1}$、$\overline{Y4}$、$\overline{Y5}$，为 4 个芯片使用。

存储系统与 CPU 连接图如图 5-1 所示。

5. 试利用全地址译码将 6264 芯片接到 8088 CPU 系统总线上，使其所占地址范围为 32000H～33FFFH。

解：将地址范围展开成二进制形式如下。

0011 0010 0000 0000 0000

0011 0011 1111 1111 1111

6264 芯片的容量为 8×8KB，需要 13 根地址线 $A_0 \sim A_{12}$。而剩下的高 7 位地址应参加该芯片的地址译码。电路如图 5-2 所示。

6. 若采用 6264 芯片构成内存地址 20000H～8BFFFH 的内存空间，需要多少个 6264 芯片？

解：20000H～8BFFFH 的内存空间共有 8BFFFH－20000H＋1＝6C000H(432K)字节，每个 6264 芯片的容量 8KB，故需 432/8＝54 个。

7. 设某微型机的内存 RAM 区的容量为 128KB，若用 2164 芯片构成这样的存储器，需多少个 2164 芯片？

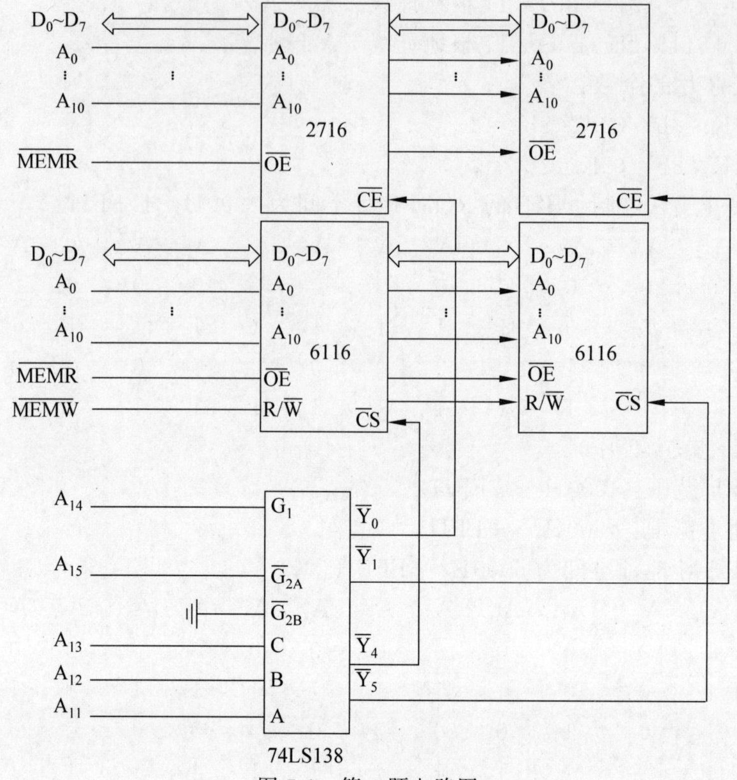

图 5-1　第 4 题电路图

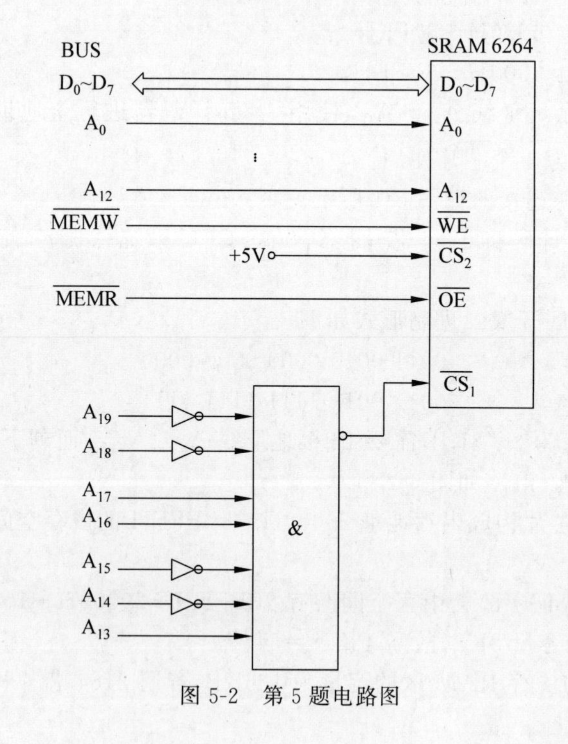

图 5-2　第 5 题电路图

解：每个 2164 芯片的容量为 64K×1b，因此共需 128/64×8=16 个。

8. 高速缓冲存储器(Cache)的工作原理是什么？为什么设置高速缓冲存储器？

解：

(1) 高速缓冲存储器的工作原理是基于程序和数据访问的局部性原理。

(2) 设置高速缓冲存储器是为了缓解 CPU 和内存之间存取速度的矛盾，将当前正在执行的指令及相关联的后续指令集从内存读到 Cache，CPU 执行下一条指令时从 Cache 中读取。Cache 的存在使 CPU 既可以以较快的速度读取指令和数据，又不至于使微型计算机的价格大幅度提高。

9. 现有 2 个 6116 芯片，所占地址范围为 61000H～61FFFH，试将它们连接到 8088 CPU 系统中。并编写测试程序，向所有单元输入任意一个数据，然后再读出与之比较，若出错则显示“Wrong!”，若全部正确则显示“OK!”。

解：电路连接如图 5-3 所示。

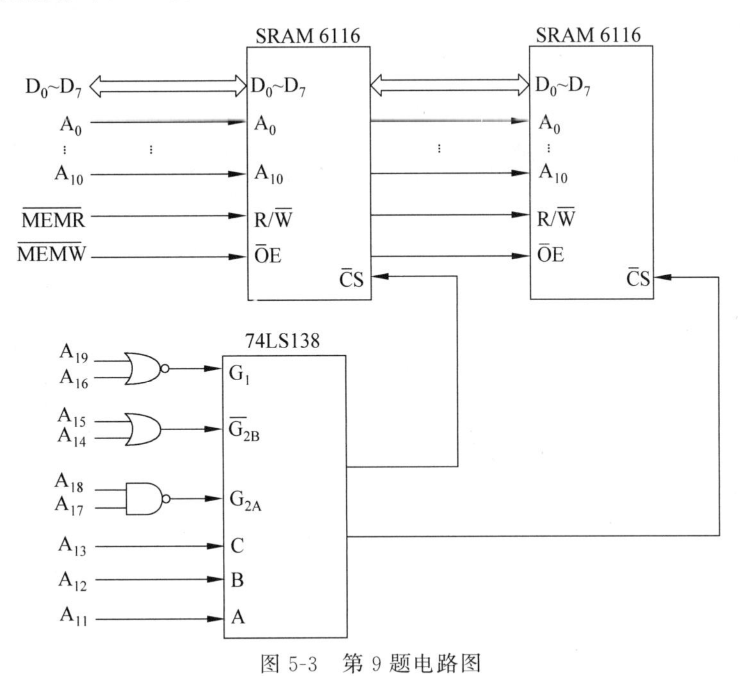

图 5-3　第 9 题电路图

测试程序段如下。

```
OK        DB  'OK!','$'
WRONG     DB  'Wrong!','$'
…
MOV       AX, 6100H
MOV       ES, AX
MOV       DI, 0
MOV       CX, 1000H
MOV       AL, 55H
REP STOSB
```

```
MOV     DI, 0
MOV     CX, 1000H
REPZ    SCASB
JZ      DISP_OK
LEA     DX, WRONG
MOV     AH, 9
INT     21H
HLT
DISP_OK:
LEA     DX, OK
MOV     AH, 9
INT     21H
HLT
```

第6章

输入/输出与中断技术

6.1 知识要点

1. 输入/输出接口

微型计算机中的输入/输出接口由硬件电路和控制软件组成。主机与外部设备之间要想协同工作，需要一个桥梁将外部设备的信息进行缓冲、定时和变换，这个桥梁就是接口。接口是CPU与外部设备进行信息交换时所必需的一组逻辑电路及控制软件。

接口按数据传送方式区分有两类：

- 并行接口：一次传送一个字节或字的所有位。
- 串行接口：一位一位地传送。

2. 编址方式

CPU与外部设备进行数据传输，接口电路需要设置若干专用寄存器，用于缓冲输入/输出数据、设定控制方式、保存输入/输出状态信息。这些寄存器常被称为端口。

输入端口必须具有通断控制能力。若外部设备本身具有数据保持能力，通常可以仅用一个三态门缓冲器作为输入接口，三态门具有通断控制能力。CPU向输出端口输出数据时，由于外部设备的速度慢，数据必须在输出端口保持一定的时间，使外部设备能够正确接收，所以输出端口应具备数据锁存能力。

CPU通过对端口分配地址进行识别，称为编址。I/O端口编址方式是指计算机系统为I/O端口分配端口号的方式。常见的I/O编址方式有两种：与内存单元统一编址方式和独立编址方式。

与内存单元统一编址方式的优点是访问I/O端口和访问内存单元一样，所有访问内存的指令都可以访问I/O端口，不用设置专门的I/O指令；缺点是占用一部分CPU地址空间。

独立编址方式指CPU给I/O端口分配一个独立的地址空间，I/O地址空间与内存地址空间隔离。其优点是不占用内存空间，而且I/O端口地址线数量少，译码电路简单；缺点是需要专用的控制信号和专用的I/O指令。

8088 CPU 系统中 I/O 地址空间为 0000H～FFFFH(64KB)，使用 A_0～A_{15} 共 16 根地址线寻址。CPU 读/写 I/O 端口使用$\overline{IOR}$和$\overline{IOW}$(最大模式)。在最小模式下，内存空间和 I/O 空间由 $IO/\overline{M}$区分，当 $IO/\overline{M}$为逻辑 0 时，CPU 读/写内存；当 $IO/\overline{M}$为逻辑 1 时，CPU 读/写 I/O 接口。CPU 与 I/O 端口交换信息时使用专用的输入/输出指令 IN 和 OUT。

3. 数据传送控制方式

主机与外部设备之间通过一定的控制方式进行信息交换，包括无条件传送方式、程序查询传送方式、中断传送方式、直接存储器存取(DMA)方式。

4. 简单输入/输出接口

简单输入接口：如果外部设备具有数据保持能力(如开关)，可以仅用一个三态门缓冲器作输入接口，常用的芯片有 74LS244、74LS245。

简单输出接口：数据输出接口通常采用具有信息存储能力的双稳态触发器实现。最简单的数据输出接口可用 D 触发器构成，如 74LS273 就是常用的输出接口芯片。

5. 中断

中断是指在程序执行过程中出现紧急事件，CPU 暂停执行现行程序，转去执行处理该事件的程序——中断服务程序，执行后再返回到被暂停的程序继续执行。该过程称为中断。

引起中断的设备或事件称为中断源。计算机的中断源可能是某个硬件，也可能是软件。通常将中断源分为两类：CPU 内产生的称为内部中断；其他的称为外部中断。

内部中断包括由算术逻辑运算单元产生的中断、由控制器产生的中断、由程序员安排的中断指令引起的中断。

外部中断又根据中断事件的紧迫程度将中断源划分为可屏蔽中断和不可屏蔽中断。不可屏蔽中断是指事件异常紧急，必须马上处理，例如，掉电、内存奇偶校验错误引起的中断。可屏蔽中断是指可以延时处理的事件。

中断处理的基本过程包括中断请求、中断判优、中断响应、中断服务和中断返回。

发生在 CPU 内部的中断不需要中断请求，CPU 内部的中断控制逻辑直接接收处理。外部中断请求由中断源提出。外部中断源利用 CPU 的两个中断输入引脚 INTR 和 NMI 输入中断请求信号。INTR 为可屏蔽中断请求输入引脚，NMI 为不可屏蔽中断请求输入引脚。可屏蔽中断请求信号一般为高电平，不可屏蔽中断源的中断请求信号一般为边沿信号。

中断判优可以采用硬件方法，也可采用软件方法。利用专门的硬件电路确定中断源的优先级，有两种常见的方式：菊花链判优电路和中断控制器判优。中断控制器是可编程的智能芯片，可以很方便地设置中断源的中断优先级。

中断响应时，CPU 向中断源发出中断响应信号 INTA，同时：

(1) 保护硬件现场；

(2) 关中断;

(3) 保护断点;

(4) 获得中断服务程序的入口地址。

中断服务程序的一般结构如下:

(1) 保护现场,是指保存通用寄存器和状态寄存器的内容。在中断服务程序的起始部分安排若干条入栈指令,将各寄存器的内容压入堆栈保存。

(2) 开中断,是为了能实现中断的嵌套。在中断服务程序调用时,可以允许级别更高的中断打断正在运行的低级别的中断服务程序。

(3) 中断服务,是中断服务程序的主体部分,不同的中断源要求的中断服务不同。

(4) 恢复现场,通常可用出栈指令将保存在堆栈中的信息送回到原来的寄存器中。恢复现场与保护现场相对应,注意数据恢复的次序,避免混乱。

(5) 返回,使用中断返回指令 IRET,使其返回到原程序的断点处,继续执行原程序。

中断服务程序的最后一条语句 IRET 的功能是中断返回操作。中断返回操作是中断响应操作的逆过程,CPU 从堆栈中弹出 IP、CS 和 FLAGS,恢复被中断程序的基本信息,使被中断程序继续运行。

6. 8086/8088 CPU 的中断系统

8086/8088 CPU 的中断系统具有很强的中断处理能力,可以处理 256 种中断。每种中断对应一个编号,范围为 0～255,称为中断源的中断类型码或中断向量码。

中断向量:中断服务程序的入口地址。

中断向量表:将中断向量按一定的规律排列成表。

8086/8088 CPU 系统中的中断向量表位于内存低地址 00000～003FFH 的存储区内。从地址 00000H 开始,每相邻 4 个单元存放一个中断向量,其中前 2 个单元存放中断向量的偏移量 IP,后 2 个单元存放中断向量的段基址 CS。256 种中断按中断向量码从小到大的顺序依次存入中断向量表中。

7. 中断处理流程

CPU 在每条指令的最后一个时钟周期按照下列顺序检测有无中断请求:

(1) 指令执行时是否有异常情况(如除法错)发生;

(2) 有没有单步中断请求(TF=1);

(3) 有没有 NMI 非屏蔽中断请求;

(4) 有没有协处理器段超限;

(5) 有没有可屏蔽中断请求信号;

(6) 是否为中断指令。

如果有一个或多个中断条件出现,CPU 响应中断。如果检测到内部中断或非屏蔽中断,CPU 从内部获得中断类型码;如果检测到可屏蔽中断请求,CPU 进一步测试 IF 标志位,如果 IF=1,CPU 就进入中断响应总线周期,从中断控制器获取中断类型码。获得中断类型码之后,各种中断的处理过程相同。CPU 将中断类型码放入暂存器保存,并按顺序完成以下动作：

（1）标志寄存器的内容入栈；

（2）清除中断标志 IF 和 TF；

（3）CS 的内容入栈；

（4）IP 的内容入栈；

（5）根据中断类型码，在中断向量表中取出中断向量装入 IP 和 CS；

（6）执行中断服务程序；

（7）中断返回。

CPU 清除中断标志 IF 使执行中断服务程序的过程中不被 INTR 中断打断，清除 TF 的目的是避免进入中断处理程序后按单步执行。也就是说，进入中断服务程序之前，CPU 自动关中断并处于非单步工作方式。在中断服务程序的末尾有 IRET 指令，CPU 执行该指令时弹出 IP、CS 和 FLAGS，CPU 回到主程序断点，中断处理结束。CPU 从主程序断点开始继续执行指令，一条指令执行完后，CPU 继续按上述顺序查询有无中断发生。CPU 每执行完一条指令后就重复上述过程。

6.2 习题解答

1. 什么是接口？其作用是什么？

解：接口是 CPU 与外部设备进行信息交换时，必需的一组逻辑电路及控制软件。主要作用有信号电平转换、数据格式转换、速度匹配、数据传送、寻址能力及错误检测功能。

2. 输入输出接口电路有哪些寄存器，各自的作用是什么？

解：CPU 与外设进行数据传输，接口电路需要设置若干专用寄存器，用于缓冲输入/输出数据、设定控制方式并保存输入/输出状态信息，这些寄存器常被称为端口。根据传输的方向，端口可分为数据输入端口和数据输出端口；根据传输的信息，端口可分为数据端口、控制端口和状态端口，用以传输数据信息、控制信息和状态信息。

3. 数据输入输出端口的基本功能是什么？

输入端口必须具有通断控制能力，输出端口必须具备数据保持能力。

4. 什么叫端口？I/O 端口的编址方式有哪几种？各有何特点？

解：接口中可被 CPU 直接访问的专用寄存器称为端口。常见的 I/O 端口编址方式有两种：与内存单元统一编址方式和独立编址方式。统一编址方式的优点是访问 I/O 端口和访问内存单元一样，不用设置专门的 I/O 指令，也不需要专用的 I/O 端口控制信号，简化了系统控制总线；缺点是由于 I/O 端口地址占用了 CPU 地址空间的一部分，所以减少了内存地址空间。独立编址方式的优点是不占用内存空间，输入/输出地址线根数少，I/O 端口译码电路简单；缺点是需要专用的 I/O 指令和专用控制线。

5. 8088CPU 输入/输出端口采用什么样的编址方式？

解：8088 系统 I/O 端口采用独立编址方式。I/O 地址空间 0000H ~ FFFFH（64KB），使用 A0 ~ A15 共 16 根地址线寻址。CPU 读写 I/O 端口专用控制信号$\overline{IOR}$和

$\overline{\text{IOW}}$(最大模式)。在最小模式下,内存空间和 I/O 空间由 IO/$\overline{\text{M}}$区分,当 IO/$\overline{\text{M}}$为逻辑 0 时,CPU 读写内存;当 IO/$\overline{\text{M}}$为逻辑 1 时,CPU 读写 I/O 接口。I/O 端口专用输入/输出指令是 IN 和 OUT。

6. CPU 和外部设备之间的数据传送方式有哪几种?无条件传送方式通常用在哪些场合?

解:主机与外部设备之间通过一定的控制方式进行信息交换,常用的控制的方式包括无条件传送方式、程序查询传送方式、中断传送方式、直接存储器存取(DMA)方式。无条件传送方式通常用在简单输入/输出设备上,如开关、LED 灯、继电器、步进电机等。

7. 相对于程序查询传送方式,中断方式有什么优点?和 DMA 方式比较,中断传送方式又有什么不足之处?

解:中断方式的数据输入/输出,CPU 不需要查询外部设备的状态,与程序查询方式相比,节省了 CPU 的时间,提高了 CPU 的利用率。与 DMA 方式比较,中断传送方式需要通过 CPU 执行程序来实现外部设备与主机之间的信息传送;CPU 每次中断都需要花费时间保护断点和现场,无法满足高速 I/O 设备的速度要求。

8. 为什么 74LS244 能作为输入端口?为什么 74LS273 能作为输出端口?

解:74LS244 是 8 位总线缓冲器驱动器,三态输出,具有通断控制的能力,所以可作为输入端口也可作为输出端口。74LS273 是 8D 锁存器,所以它能作为输出端口。

9. 利用 74LS244 作为输入接口(端口号为 C8H)连接 4 个开关 K0~K3(开关断开时对应输入的二进制位为 1),利用 74LS273 作为输出端口(端口号为 2710H)连接一个 7 段 LED 显示器。完成下列要求:

(1) 利用 74LS138 译码器设计地址译码电路,画出芯片与 8088 系统总线的连接图。

(2) 编写程序段,实现功能:读入 4 个开关的状态,对开关的状态进行编码,即 4 个开关的 16 种状态要用 16 个数字表示出来。如开关都断开时对应编码为 1111B;开关都闭合时对应编码为 0000BH;开关 K0 闭合但 K1~K3 都断开时对应编码为 1110,以此类推(编码信息直接保存在 AL 中)。

(3) 编写程序段,实现功能:将(2)中编码的开关状态在 7 段 LED 显示器上显示出来,如开关的编码信息为 0 时,7 段 LED 显示器上显示 0,当开关状态改变为 FH 时,7 段 LED 显示器上显示 F,以此类推。

解:(1)如图 6-1 所示。

(2)

```
IN    AL, 0C8H          ;读入开关状态
AND   AL, 0FH           ;保留低 4 位
```

(3)

```
DATA  SEGMENT
Seg7   DB  3FH,06H,5BH,4FH,66H,6DH,7DH,07H
       DB  7FH,67H,77H,7CH,39H,5EH,79H,71H
DATA  ENDS
CODE  SEGMENT
```

```
        ASSUME CS:CODE, DS:DATA
START:
        MOV    AX, DATA
        MOV    DS, AX
        LEA    BX, Seg7          ;取 7 段码表基地址
KEY:    IN     AL, 0C8H
        AND    AL, 0FH
        MOV    AH, 0             ;(2)中的程序已经使 AL 保存了开关编码,此处的作用是
                                 ;使 AX 的数值与 AL 的数值相等,为下面的查表做准备

        MOV    SI, AX            ;作为 7 段码表的表内位移量
        MOV    AL, [BX+SI]       ;取 7 段码
        MOV    DX, 2710H         ;7 段数码管接口的地址为 2710H
        OUT    DX, AL
        JMP    KEY
CODE  ENDS
      END      START
```

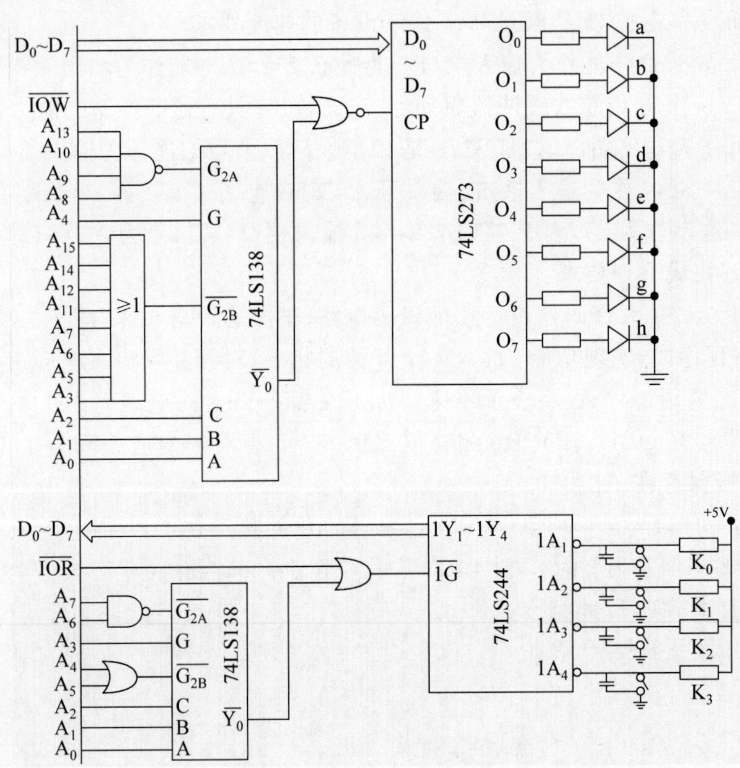

图 6-1　第 9 题(1)连接图

10. 什么是中断?常见的中断源有哪几类?

解:中断是指在程序执行过程中,出现紧急事件,CPU 暂停执行现行程序,转去执行处理该事件的程序——中断服务程序,执行完后再返回到被暂停的程序继续执行,这一过程称为中断。常见的中断源有由外部设备引起的中断、CPU 本身产生的中断、存储器产生的中断、控制器产生的中断、总线产生的中断、实时过程控制产生的中断、实时钟的定时

中断、程序指令引起的中断以及硬件故障中断等。

11. 简述一般中断处理的 5 个阶段。

解：中断请求、中断判优、中断响应、中断服务和中断返回。

12. 在中断响应阶段 CPU 需要做哪些工作?

解：判优之后，CPU 获取中断类型码，将中断类型码放入暂存器保存，然后进行以下动作：(1)保护硬件现场；(2)关中断；(3)保护断点；(4)根据中断类型码，获取中断服务程序入口地址。

13. 简述中断服务程序的结构。

解：包括 5 部分：保护现场、开中断、完成中断源要求、恢复现场、中断返回。

14. 中断返回包括哪些动作?

解：包括 2 个动作，弹出断点地址，返回主程序和恢复硬件现场。

15. 简述微机系统的中断处理过程。

解：CPU 在每条指令的最后一个时钟周期按照下列顺序检测有无中断请求：

(1) 指令执行时是否有异常情况发生，如除法错；

(2) 有没有单步中断请求(TF=1)；

(3) 有没有 NMI 非屏蔽中断请求；

(4) 有没有协处理器段超限；

(5) 有没有可屏蔽中断请求信号；

(6) 是否为中断指令。

如果有一个或多个中断条件出现，CPU 响应中断。如果检测到内部中断或非屏蔽中断，CPU 从内部获得中断类型码；如果检测到可屏蔽中断请求，CPU 进一步测试 IF 标志位，如果 IF=1，CPU 就进入中断响应总线周期，从中断控制器获取中断类型码。获得中断类型码之后，各种中断的处理过程相同。CPU 将中断类型码放入暂存器保存，并顺序完成以下动作：

(1) 标志寄存器的内容入栈；

(2) 清除中断标志 IF 和 TF；

(3) CS 的内容入栈；

(4) IP 的内容入栈；

(5) 根据中断类型码，在中断向量表中取出中断向量装入 IP 和 CS；

(6) 执行中断服务程序；

(7) 中断返回。

CPU 清除中断标志 IF 使执行中断服务程序的过程中不被 INTR 中断打断，清除 TF 的目的是避免进入中断处理程序后按单步执行。也就是说，进入中断服务程序之前，CPU 自动关中断并处于非单步工作方式。在中断服务程序的末尾有 IRET 指令，CPU 执行该指令时弹出 IP、CS 和 Flags，CPU 回到主程序断点，中断处理结束。CPU 从主程序断点开始继续执行指令，一条指令执行完后，CPU 继续按上述顺序查询有无中断发生。CPU 每执行完一条指令后就重复上述过程。

16. 8086/8088CPU 一共可处理多少级中断? 中断向量和中断向量表的含义是什么?

解：8086/8088CPU可以处理256种不同类型的中断。每种类型的中断对应一个编号，称为中断类型码或中断向量码，编号范围0～255。中断向量是中断服务程序的入口地址。中断向量表是将中断向量按中断向量码顺序排列成表。中断向量表位于内存起始地址00000～003FFH的存储区内。

17. 简述8086的中断类型，非屏蔽中断和可屏蔽中断有哪些不同之处？CPU通过什么响应条件来处理这两种不同的中断？

解：8086的中断分为两类：内部中断和外部中断，外部中断包括非屏蔽中断和可屏蔽中断。非屏蔽中断，中断类型码为2，由CPU内部译码产生，优先级高于可屏蔽中断，该中断不能被软件禁止。非屏蔽中断由CPU之外的硬件产生，通过CPU的NMI引脚输入中断请求信号，上升沿触发，该中断用于处理紧急事件，如奇偶校验错误、电源掉电等。

可屏蔽中断请求引脚INTR采用电平触发方式，高电平有效，由外部中断源置位，并在中断服务程序内部被清除。CPU收到中断请求信号后，检测中断允许标志位IF，若IF=1，CPU响应INTR请求；若IF=0时，CPU屏蔽INTR请求。被屏蔽的中断请求信号可一直保持高电平，直到CPU接收。可屏蔽中断的优先级低于不可屏蔽中断。中断允许标志位IF可以用指令STI和CLI进行设置。

18. 8086/8088CPU专用中断有哪些？

解：有5种。0号除法错中断，1号单步中断，2号非屏蔽中断，3号断点中断，4号溢出中断。

19. 假设某8086系统中采用单片8259A来控制中断，中断类型码为20H，中断源请求线与8259A的IR_4相连，计算中断向量表的入口地址。如果中断服务程序入口地址为2A310H，则对应该中断源的中断向量表的内容是什么？

解：2000H:A310H等

20. 已知对应于中断类型码为18H的中断服务程序存放在1020H:6314H开始的内存区域中，求对应于18H类型码的中断向量存放位置和内容。

解：位置：18H×4=60H；内容：中断向量表中60H～63H的区域顺序存放着14H、63H、20H、10H。

21. 在编写程序时，为什么通常用STI和CLI中断指令来设置中断允许标志？8259A的中断屏蔽寄存器IMR和中断允许标志IF有什么区别？

解：INTR是可屏蔽中断请求信号的输入端，CPU收到中断请求信号后，检测中断允许标志位IF，若IF=1，CPU准备响应INTR请求；若IF=0时，CPU屏蔽INTR请求。可屏蔽中断的优先级低于不可屏蔽中断。中断标志位IF可以用指令STI和CLI进行设置。

8259A的中断屏蔽寄存器IMR中每一位对应着8259A的8个中断源IR_0～IR_7中的一个。当IMR的某一位$D_n=0$时，允许对应IR_n引脚上的外设向8259A申请中断；当$D_n=1$时，禁止对应IR_n引脚上的外设向8259A申请中断。而8088的IF=0时，禁止CPU响应任何可屏蔽中断。

22. 8259A仅有两个端口地址，它们如何识别ICW命令和OCW命令？

解：

ICW_1 特征是 $A_0=0$，并且控制字的 $D_4=1$。

ICW_2 特征是 $A_0=1$。

当 ICW_1 中的 SNGL 位为 0 时处于级联方式，此时需要写 ICW_3。

ICW_4 在 ICW_1 的 $IC_4=1$ 时才使用。

OCW_1 特征是 $A_0=1$。

OCW_2 特征是 $A_0=0$ 且 $D_4D_3=00$。

OCW_3 特征是 $A_0=0$ 且 $D_4D_3=01$。

6.3 基本输入/输出接口实验

实验 1 用 74HC245 读入数据

微机系统总线连接多种部件，任何时刻只能有一对部件使用总线，为了避免总线争用造成冲突，就要使用一些总线隔离器件，例如，74HC245，即三态总线收发器，利用它既可以输出数据，也可输入数据。

一、实验目的

（1）了解 CPU 常用的端口连接总线的方法。

（2）掌握 74HC245 进行数据读入或输出。

二、实验内容

利用实验仪上的 74HC245 输入电路，用总线方式读入开关状态。

三、实验电路图及接线

实验电路图如图 6-2 所示，接线表如表 6-1 所示。

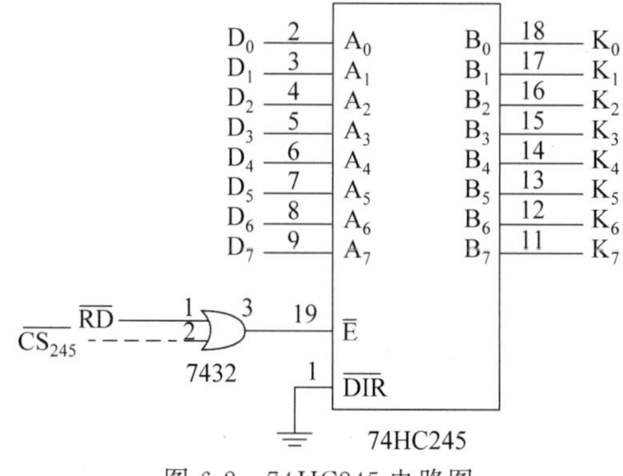

图 6-2 74HC245 电路图

表 6-1　74HC245 接线表

1	B5 区：K_{Z1_1}	A3 区：CS_8
2	B5 区：JP_1(74HC245)	G6 区：JP_{80}(排插针)

74HC245 的片选接 CS_8，端口地址为 8000H，读取这个端口的数据，就可以从 74HC245 读回开关的值。

实验仪上有 8 个开关 $K_0 \sim K_7$，并有与之相对应的引线孔为电平输出端。如图 6-3 所示，开关向下拨，相应插孔输出低电平“0”；向上拨，相应插孔输出高电平“1”。

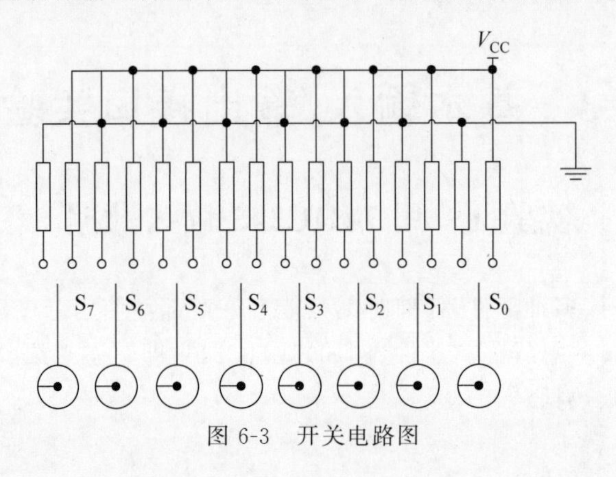

图 6-3　开关电路图

四、实验步骤

1. 实验仪断电，根据实验要求接线，接线完成后给实验仪供电。

2. 启动星研集成环境软件，执行“主菜单”→“辅助”→“仿真器”命令，实验仪选择 STAR ES598PCI，仿真器选择“EMU598＋仿真模块”。

3. 创建文件夹，用于存放实验程序。

4. 在星研集成环境软件中编辑源文件，并编译、连接。

5. 单步执行数据输入程序，改变开关的拨动情况，观察寄存器窗口中各寄存器值的变化。

五、实验程序流程图及参考例程

实验程序流程图如图 6-4 所示。

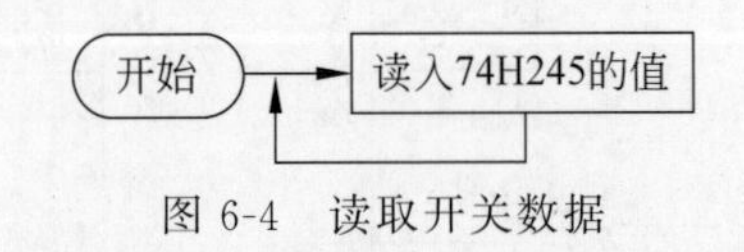

图 6-4　读取开关数据

参考例程：

```
;利用 74HC245 输入开关数据
CS245  EQU  8000H
```

```
STACK1  SEGMENT  STACK  'STACK'
    DW  100  DUP(0)
STACK1  ENDS
CODE   SEGMENT
       ASSUME  CS:CODE, SS:STACK1
START:  MOV   DX, CS245
        IN    AL,DX
        JMP   START
CODE   ENDS
       END START

//HC245.C
//245 输入片选节 CS8
extern char inportb(unsigned int);       //读 I/O
#define  CS245  0x8000
void main()
{ unsigned char b;
  while(1)
    { b=inportb(CS245);
    b++;
  }
}
```

六、实验报告

单步执行数据输入程序，从寄存器窗口中查看 AL 的变化，记录开关的拨动情况和 AL 的值。

实验 2　用 74HC273 输出数据

利用 8D 触发器锁存器 74HC273 扩展 I/O 端口。通过片选信号和写信号将数据锁存在 74HC273 中，输出信号驱动 LED 灯，直到下次新的数据被锁存。

一、实验目的

(1) 学习扩展简单 I/O 接口的方法。
(2) 学习数据输出程序的设计方法。
(3) 了解数据信号、写控制信号、片选信号之间的时序关系。

二、实验内容

1. 利用 74HC273 输出控制八个 LED 灯。
2. 利用 74HC273 输出控制八个 LED 灯循环点亮(跑马灯模式)。

三、实验电路图及接线

实验电路原理图如图 6-5 和图 6-6 所示，接线如表 6-2 所示。

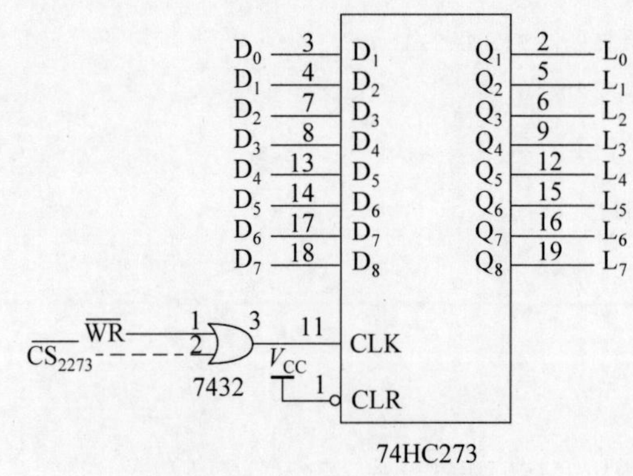

图 6-5　74HC273 引脚图

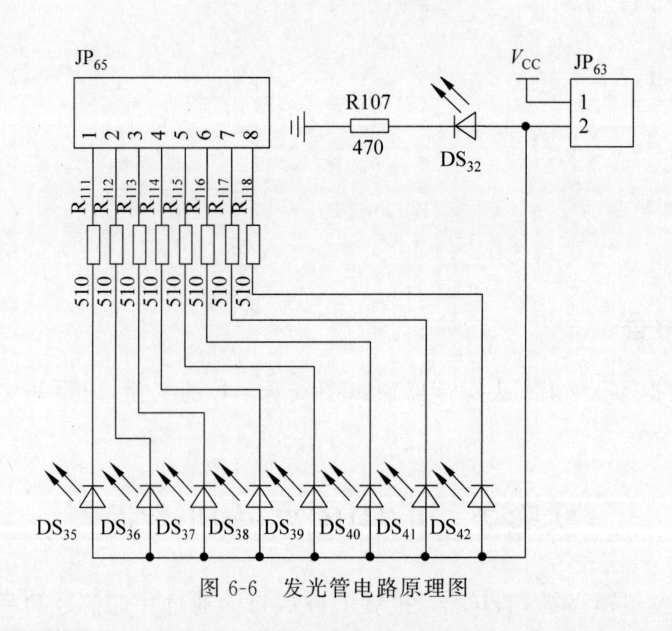

图 6-6　发光管电路原理图

表 6-2　74HC273 接线表

1	B5 区：K_{Z1_3}	A3 区：CS_8
2	B5 区：K_{Z1_6}	A3 区：A_0
3	B5 区：K_{Z1_7}	A3 区：A_1
4	B5 区：JP_2	G6 区：JP_{65}

实验仪上装有 8 个发光二极管。JP_{65} 为相应发光二极管驱动信号输入端，该输入端为低电压电平“0”时，发光二极管点亮。可以通过 74HC273 直接控制 JP_{65}，点亮或者熄灭发光二极管。

四、实验程序流程图及参考例程

本实验流程图如图 6-7 所示。

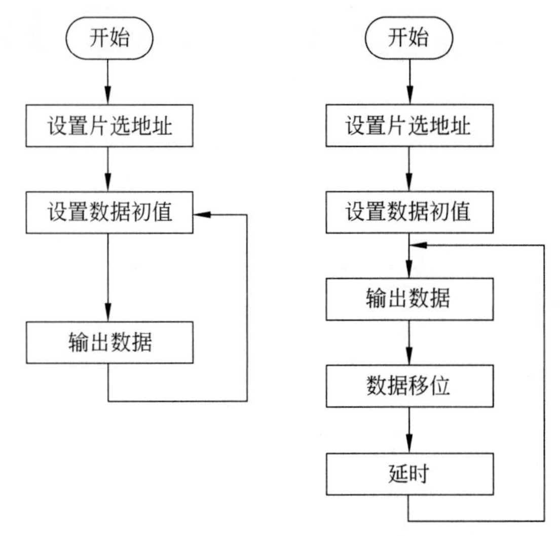

(a) 74HC273简单输出程序流程图　　(b) 跑马灯流程图

图 6-7　74HC273 程序流程图

参考例程：

```
;HC273-1.ASM
CS273  EQU  8000H
STACK1 SEGMENT  STACK  'STACK'
       DW   100 DUP(0)
STACK1 ENDS
CODE   SEGMENT
      ASSUME  CS:CODE, SS:STACK1
START :  MOV    DX, CS273
AGAIN:   MOV    AL,0FH
         OUT    DX, AL
         JMP    AGAIN
CODE     ENDS
END      START

//HC273-1.C
//273 输出片选节 CS8
extern char outportb(unsigned int,char);        //写 I/O
#define CS273 0x8000
void main()
{ unsigned char b;
  while(1)
  { b=0xf0;
    outportb(CS273,b);
```

```
   }
}
```

```
;HC273-2.ASM,跑马灯
CS273   EQU 08000H
STACK1   SEGMENT STACK 'STACK'
    DW   100 DUP(0)
STACK1   ENDS
CODE   SEGMENT
      ASSUME  CS:CODE,SS:STACK1
START:  MOV   AL,0FEH
        MOV   DX, CS273
AGAIN:  OUT   DX, AL
        ROL   AL, 1
        CALL  DELAY
        JMP   AGAIN
DELAY   PROC  NEAR
        PUSH  CX
        MOV   CX,0FFFFH
        LOOP  $
        POP   CX
        RET
DELAY   ENDP
CODE    ENDS
        END   START
```

```
//HC273-2.C
//273输出跑马灯
extern char outportb(unsigned int,char);          //写 I/O
#define CS273 0x8000
void delay()
{
    unsigned int count=50000;
    while(--count)
    {;}
}
void main()
{ unsigned char b;
  unsigned int i;
  b=0xfe;
  for(i=1; i>0;  i++)
  {
    outportb(CS273,b);
    delay();
    b=(b<<1)|(b>>7);
  }
}
```

五、实验报告

全速执行程序，记录 LED 灯的变化情况。思考如果要求改变 LED 灯的流水方向，应该如何修改实验程序？

实验 3　16×16 LED 点阵显示实验

一、实验目的

(1) 熟悉 74HC273 的功能，了解点阵显示的原理及控制方法。

(2) 学会使用 LED 点阵，通过编程显示字符。

二、实验内容

1. 编写程序，用 U_2 和 U_4 两片 74HC273 控制 16×16 点阵的行，用 U_3 和 U_5 两片 74HC273 控制 16×16 点阵的列，显示不同字符。

2. 接线后，运行程序，观察实验结果。

三、实验电路图及接线

实验电路理图，如图 6-8 和图 6-9 所示，接线如表 6-3 所示。

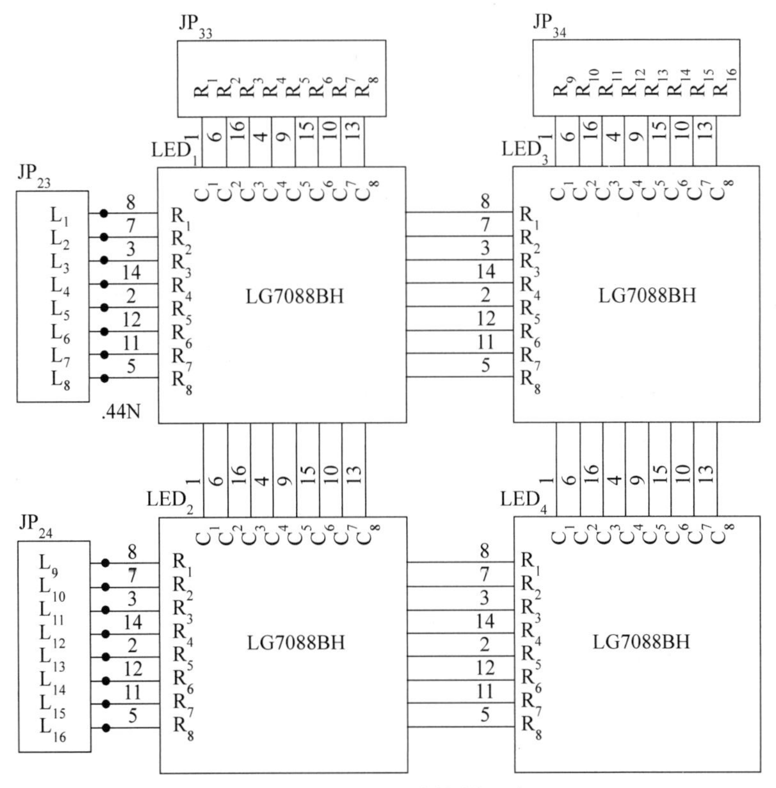

图 6-8　LED 点阵控制电路

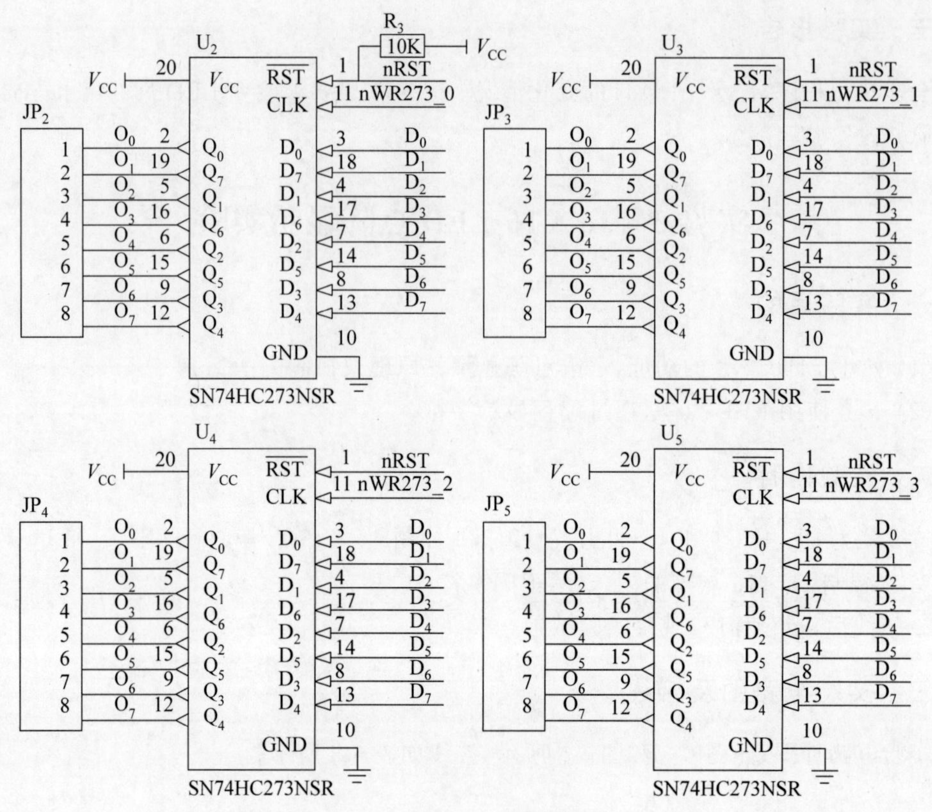

图 6-9　74HC273 控制电路

表 6-3　LED 点阵显示接线表

1	B5 区：K_{Z1_3}、K_{Z1_6}、K_{Z1_7}	A3 区：CS_8、A_0、A_1
2	B5 区：JP_2、JP_4	A2 区：JP_{23}、JP_{24}（低 8 位、高 8 位行输出线）
3	B5 区：JP_3、JP_5	A2 区：JP_{33}、JP_{34}（高 8 位、低 8 位列输出线）

注：注意连线方向。

四、实验程序参考例程

参考例程：

```
;LED16.ASM
;LED16×16 点阵显示一个“欢”字实验，273 片选接 CS8
ROWL      EQU  8000H              ;行低八位地址
ROWH      EQU  8002H              ;行高八位地址
COLL      EQU  8001H              ;列低八位地址
COLH      EQU  8003H              ;列高八位地址
DATA  SEGMENT
FONT:
            ;主
```

```
        DB    00H, 00H, 01H, 00H, 00H, 80H, 1FH, 0F8H
        DB    00H, 80H, 00H, 80H, 00H, 80H, 07H, 0E0H
        DB    00H, 80H, 00H, 80H, 00H, 80H, 00H, 80H
        DB    00H, 80H, 1FH, 0F8H, 00H, 00H, 00H, 01H

BITMASK      DW    1           ;点亮行的 16 位数据
DELAYCNT     DW    1           ;每个字显示的次数
COLCNT       DW    1           ;行数

DATA   ENDS
_STACK   SEGMENT   STACK
    DW   100H  DUP(0)
_STACK   ENDS
CODE   SEGMENT
      ASSUME CS:CODE, DS:DATA, SS:_STACK
START  PROC   NEAR
       MOV    AX, DATA
       MOV    DS, AX
       MOV    SI, OFFSET FONT
MAIN:
       MOV    AL, 0FFH
       MOV    DX, ROWL
       OUT    DX, AL               ;熄灭低 8 行,FF 为灭
       MOV    DX, ROWH
       OUT    DX, AL               ;熄灭高 8 行,FF 为灭
       MOV    AL, 0
       MOV    DX, COLL
       OUT    DX, AL               ;熄灭低 8 列
       MOV    DX, COLH
       OUT    DX, AL               ;熄灭高 8 列
NEXTCHAR:
       MOV    DELAYCNT, 50         ;每个字显示 50 次
LOOP1:
       MOV    BITMASK, 0FFFEH      ;点亮一行,屏蔽其他行
       MOV    COLCNT, 16           ;16 行计数
NEXTROW:                           ;开始逐行显示
       MOV    AX, 0FFFFH           ;所有行灭
       MOV    DX, ROWL
       OUT    DX, AL
       MOV    DX, ROWH
       MOV    AL, AH
       OUT    DX, AL
       MOV    AX, [SI]             ;取一行的字形码
       MOV    DX, COLL
       OUT    DX, AL               ;输出字形码低 8 位
       MOV    DX, COLH
       MOV    AL, AH
```

```
        OUT   DX, AL              ;输出字形码高 8 位
        INC   BX
        INC   BX
        MOV   AX, BITMASK         ;点亮行
        MOV   DX, ROWL
        OUT   DX, AL              ;点亮低 8 行
        MOV   DX, ROWH
        MOV   AL, AH
        OUT   DX, AL              ;点亮高 8 行
        MOV   AX, BITMASK         ;修正行控制字
        ROL   AX, 1               ;循环左移一位,如 FFFEH 变为 FFFDH
        MOV   BITMASK, AX
        CALL  DELAY               ;延时,显示一行延时一次,延时为 1ms
        DEC   COLCNT              ;行数减一
        JNZ   NEXTROW             ;不够 16 行转 NEXTROW
        DEC   DELAYCNT            ;否则,一个字显示次数减一
        JNZ   LOOP1               ;不是 0,转到 LOOP1,这个字再显示一次
        JMP   MAIN                ;从头重新开始显示
START   ENDP
DELAY   PROC  NEAR                ;延时 1ms 子程序
        PUSH  CX
        MOV   CX, 133
DELAYL:
        LOOP  DELAYL
        POP   CX
        RET
DELAY   ENDP
CODE    ENDS
        END  START
```

利用 16×16LED 点阵显示器显示 10 个汉字 C 程序如下：

```
extern unsigned char IN(unsigned int port);
extern void OUT(unsigned int port, unsigned char v);

#define uchar unsigned char
#define uint  unsigned int

#define RowL    0x8000
#define RowH    0x8001
#define ColL    0x8002
#define ColH    0x8003

const uchar Font[][32]={
/*--  '欢'字字形码  --*/
0x00,0x01,0x00,0x01,0x3F,0x01,0x20,0x3F,0xA0,0x20,0x92,0x10,0x54,0x02,0x28,
0x02,0x08,0x02,0x14,0x05,0x24,0x05,0xA2,0x08,0x81,0x08,0x40,0x10,0x20,0x20,
```

```
0x10,0x40,

/*--  省略其他9个字的字形码  --*/
};
void delay(uchar t)
{
   uchar i,j;

   for(i=t; i>0; i--){
     for(j=0; j<15; j++);
   }
}

void main()
{
  uchar i,j;
  uchar count;
  uint bitmask;

  OUT(ColL, 0x00);
  OUT(ColH, 0x00);
  OUT(RowL, 0xff);
  OUT(RowH, 0xff);

  while(1){
    for(j=0; j<10; j++){
      for(count =0; count <50; count ++){
        bitmask=0xfffe;
        for(i=0;i<16;i++){

          OUT(RowL, 0xff);
          OUT(RowH, 0xff);
          OUT(ColL, Font[j][i*2]);
          OUT(ColH, Font[j][i*2+1]);
          OUT(RowL, bitmask & 0xff);
          OUT(RowH, bitmask >>8);

         bitmask=(bitmask<<1) | 1;

          delay(1);
        }
      }
      OUT(ColL,0x00);
      OUT(ColH, 0x00);
    }
  }
}
```

实验4　LCD液晶显示实验

LCD液晶显示器，分辨率为128×64，可显示图形和8×4个(16×16点阵)汉字。可采用并行或串行接口方式与CPU连接，内置8192个中文汉字(16×16点阵)、128个字符、64×256点阵显示RAM。

一、实验目的

(1) 了解图形液晶模块的控制方法。

(2) 了解它与8088的接口逻辑。

(3) 掌握使用图形点阵液晶显示字体和图形。

二、实验内容

使用并行接口方式，在12864M液晶显示器上画一个矩形，显示一段文字："吉林大学欢迎你"。

三、实验电路图

实验电路图如图6-10所示，接线如表6-4所示。

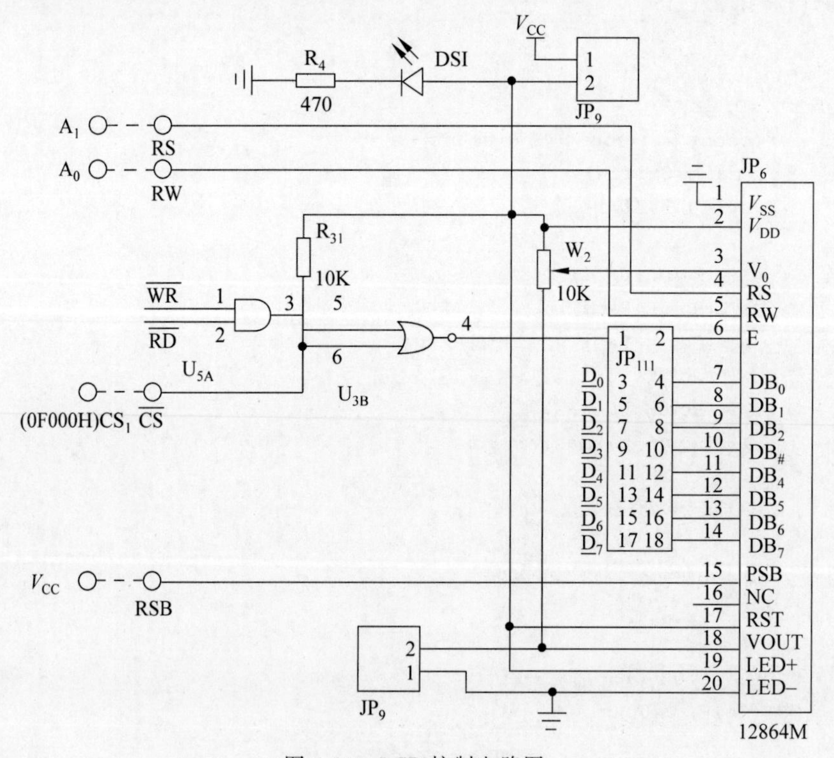

图6-10　LCD控制电路图

表 6-4　LCD 液晶显示接线表

1	A1 区：CS、RW、RS	A3 区：CS_1、A_0、A_1
2	A1 区：PSB	C1 区：V_{CC}

四、实验程序参考例程

参考例程：

1. 12864M

```
#define Y12864_W_CON   0xF000                    //写指令地址
#define Y12864_R_CON   0xF001                    //读取忙状态地址
#define Y12864_W_Data   0xF002                   //写数据地址
#define Y12864_R_Data   0xF003                   //读数据地址

extern void outportb(unsigned int, char);       //写 I/O
extern char inportb(unsigned int);              //读 I/O

//写指令
void WR_Con(u8 data)
{
    outportb(Y12864_W_CON, data);               //写控制命令
    while(inportb(Y12864_R_CON) & 0x80)         //检查液晶显示是否处于忙状态
    {;}
}
```

2. u8RD_Data()

```
{
    return inportb(Y12864_R_Data);
}

//写数据
void WR_Data(u8 data)
{
    outportb(Y12864_W_Data, data);              //写数据
    while(inportb(Y12864_R_CON) & 0x80)         //检查液晶显示是否处于忙状态
    {;}
}

//液晶初始化
void initLCD()
{
    WR_Con(0x30);                               //不调用扩充指令
    WR_Con(0x04);                               //点设定,游标向右移
```

```
    WR_Con(0x0f);                                    //开光标
    WR_Con(0x0c);                                    //关光标
    WR_Con(0x01);                                    //清屏
    asm nop
    WR_Con(0x02);                                    //地址归位,光标移到第 1 行第 1 列
}

//清屏
void Clear_LCD()
{
    WR_Con(0x01);
}

//关光标
void Close_Cursor()
{
    WR_Con(0x0c);
}

//设置光标   pos--光标位置
void Set_Cursor(u8 pos)
{
    WR_Con(0x0e);
    WR_Con(pos);
}

//基本模式
void BaseMode()
{
    WR_Con(0x30);
}

//扩展模式+允许绘图
void ExpandModeDraw_On()
{
    WR_Con(0x36);
}

//扩展模式+关闭绘图
void ExpandModeDraw_Off()
{
    WR_Con(0x34);
}
```

```
//显示一行
void Disp_Line(u8 pos, u8 *pBuffer)
{
    BaseMode();
    WR_Con(pos);                            //定位第一个数据显示的位置
    while(*pBuffer)                         //判断是否到了显示结束标志
    {
        WR_Data(*pBuffer++);
    }
}

//设置 DDRAM、GDRAM 地址到地址计数器,参数在 pos 中
void Set_DDRAM_Addr(u8 pos)
{
    WR_Con(pos | 0x80);
}

void Set_GDRAM_Addr(u8 pos)
{
    WR_Con(pos | 0x80);
}

//写 GDRAM(一次两个字节)
//first:第一个字节, second:第二个字节, col:X, row:Y
void Write_GDRAM_X_Y(u8 col, u8 row, u8 first, u8 second)
{
    Set_GDRAM_Addr(col & 0xdf);             //行
    if(col & 0x20)
        Set_GDRAM_Addr(row | 0x8);          //列
    else
        Set_GDRAM_Addr(row);                //列
    WR_Data(first);
    WR_Data(second);
}

//读 GDRAM(一次两个字节)
//col:X, row:Y, pFirst:第一个字节, pSecond:第二个字节
void Read_GDRAM_X_Y(u8 col, u8 row, u8* pFirst, u8* pSecond)
{
    Set_GDRAM_Addr(col & 0xdf);             //行
    if(col & 0x20)
        Set_GDRAM_Addr(row | 0x8);          //列
    else
        Set_GDRAM_Addr(row);                //列
```

```
    RD_Data();
    *pFirst=RD_Data();
    *pSecond=RD_Data();
}

//画一幅图画(128X64),pBuffer指向数据区
void Draw_A_Picture(u8* pBuffer)
{
    u8 i,j;
    u8 i1,i2;
    ExpandModeDraw_Off();
    i=0;
    do
    {
        j=0;
        do
        {
            i1=*pBuffer++;
            i2=*pBuffer++;
            Write_GDRAM_X_Y(i, j, i1, i2);
        }while(++j !=8);
    }while(++i !=64);
    ExpandModeDraw_On();
}
```

3. 因主程序和其他子程序较长,请您参阅本书配套教学资料中的完整程序或自己编写:

Draw_one_row(画一条竖线子程序),A: Y,F0=0,清除;F0=1,画一条竖线。

Draw_one_line(画一条横线子程序),A: X,F0=0,清除;F0=1,画一条横线。

Draw_One_dot(画一个点子程序),R6: X, R7: Y,F0=0,清除;F0=1,画一个点。

Fill_Y12864(填充整个液晶屏),CY=0,清屏;CY=1,全屏显示。

五、实验扩展及思考

如果采用串形接口,实验仪应如何连接?需要重新编写哪些程序?请重做实验。

实验5　8279键盘显示实验

一、实验目的

(1) 了解8279的内部结构、工作原理。

(2) 了解8279与8088的接口逻辑。

(3) 掌握对8279的编程方法。

(4) 掌握使用8279扩展键盘、显示器的方法。

二、实验内容

1. 编写程序，利用 8279 实现对 G5 区的键盘扫描，将按键输入的键码显示于 8 位数码管上。

2. 按图接线，运行程序，观察实验结果。

三、实验电路图及接线

连线如表 6-5 所示。实验电路图如图 6-11 所示。

表 6-5　8279 键盘显示接线表

1	E5 区：CS、A_0	A3 区：CS_5、A_0
2	E5 区：CLK	B2 区：2M
3	E5 区：A、B、C、D	G5 区：A、B、C、D

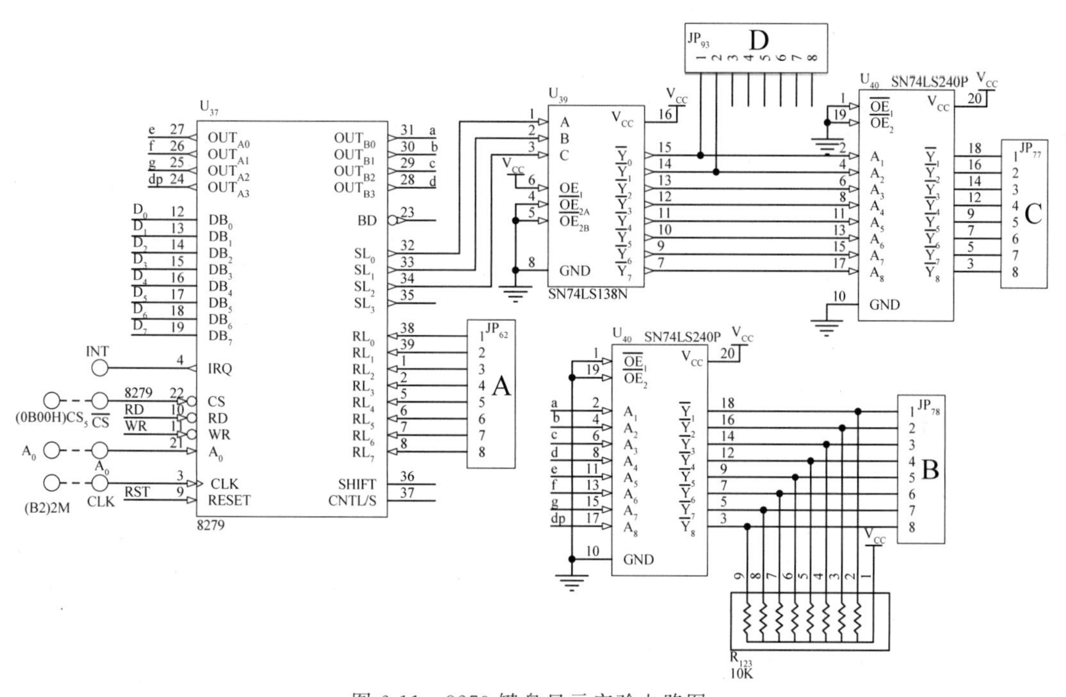

图 6-11　8279 键盘显示实验电路图

四、实验程序参考例程

例行例程：

```
;8279　键盘显示器接口芯片
;运行程序,观察实验结果(任意按下 G5 区 4×4 键盘键码,8 个 LED 显示
;器会将按键的编码从左至右依次显示出来),可依此验证对 8279 芯片操作的正确性
;1.查询控制方式
```

```
;2.输入时钟 2MHz
;3.8279 内部 20 分频(100KHz)
;4.扫描计数器采用编码工作方式(通过外部 138 译码)
;5.显示按键值,第九次按键,清除显示
;8279  查询工作方式
CMD_8279      EQU  0BF01H        ;8279 命令字、状态字地址
DATA_8279     EQU  0BF00H        ;8279 读写数据口的地址

_STACK        SEGMENT  STACK
    DW        100 DUP(?)
_STACK        ENDS

_DATA         SEGMENT  WORD PUBLIC 'DATA'
KEYCOUNT      DB    ?
LED_TAB       DB   0C0H,0F9H,0A4H,0B0H,99H,92H,82H,0F8H
              DB   080H,90H,88H,83H,0C6H,0A1H,86H,8EH
_DATA         ENDS

CODE          SEGMENT
START         PROC  NEAR
    ASSUME   CS:CODE, DS:_DATA, SS:_STACK
              MOV  AX,_DATA
              MOV  DS,AX
              NOP
              CALL     INIT8279        ;初始化子程序
              MOV      KEYCOUNT,0
START1:       CALL     SCAN_KEY        ;键扫描
              JNC      START1          ;没有按键
              XCHG     AL,KEYCOUNT
              INC      AL
              CMP      AL,9
              JNZ      START2
              MOV      KEYCOUNT,0
              CALL     INIT8279_1      ;8 个数码块全有字符显示后,再按键,清除显示
              JMP      START1
START2:       XCHG     AL,KEYCOUNT
              CALL     KEY_NUM         ;键值转换为键码
              LEA      BX,LED_TAB      ;字型码表
              XLAT
              CALL     WRITE_DATA
              JMP      START1
START_EXIT:    JMP   $
;8279 初始化
INIT8279      PROC     NEAR
              MOV      DX,CMD_8279     ;CMD_8279 为写命令地址、读状态地址
              MOV      AL,34H          ;可编程时钟设置,设置分频系数(20 分频)
              OUT      DX,AL
              MOV      AL,0            ;8 * 8 字符显示,左边输入,外部译码键扫描方式
              OUT      DX,AL
;             MOV      AL,0A0H
;             OUT      DX,AL
              CALL     INIT8279_1
```

```
            RET
INIT8279    ENDP

INIT8279_1  PROC    NEAR
            CALL    CLEAR           ;清除显示
            MOV     AL,90H          ;从第一个数码管开始移位显示
            OUT     DX,AL
            RET
INIT8279_1  ENDP

CLEAR       PROC    NEAR
            MOV     DX,CMD_8279
            MOV     AL,0DEH         ; 清除命令
            OUT     DX,AL
WAIT1:      IN      AL,DX
            TEST    AL,80H
            JNZ     WAIT1           ; 显示 RAM 是否清除完毕
            RET
CLEAR    ENDP

SCAN_KEY    PROC    NEAR
            MOV     DX,CMD_8279
            IN      AL,DX           ;读状态
READ_FIFO:  AND     AL,7
            JZ      NO_KEY          ;是否有键按下
READ:       MOV     AL,40H
            OUT     DX,AL           ;读 FIFO RAM
            MOV     DX,DATA_8279
            IN      AL,DX
            STC                     ;有键
SCAN_KEY1:  RET
NO_KEY:     CLC                     ;无键按下,清除 CY
            JMP     SCAN_KEY1
SCAN_KEY    ENDP

KEY_NUM     PROC    NEAR
            AND     AL,3FH
            RET
KEY_NUM  ENDP

WRITE_DATA  PROC    NEAR
            MOV     DX,DATA_8279
            OUT     DX,AL
            RET
WRITE_DATA          ENDP

START       ENDP
CODE        ENDS
            END     START
```

五、实验扩展及思考

重新编写软件实验 2,自己编写键扫描、显示程序。

实验6　8259A中断控制器实验

一、实验目的

（1）了解8259A的内部结构、工作原理。

（2）了解8259A与8088的接口逻辑。

（3）掌握对8259A的初始化编程方法。

（4）了解8088如何响应中断、退出中断。

二、实验内容

编写程序，拨动单脉冲开关，“⎍”送给8259A的IR_0，触发中断，8088计数中断次数，通过输出接口74HC273输出，并在发光二极管上显示。

三、实验电路图及接线

连线如表6-6所示。实验电路图如图6-12所示。

表6-6　8259A中断控制器接线表

1	B3区：CS、A_0	A3区：CS_1、A_0
2	B3区：INT、INTA	EMU598+：INTR、INTA
3	B3区：IR_0	B2区：单脉冲⎍
4	B5区：K_{Z1-3}、K_{Z1-6}、K_{Z1-7}	B5区：CS_8、A_0、A_1
5	B5区：JP_{23}	G6区：JP_{65}（发光二极管）

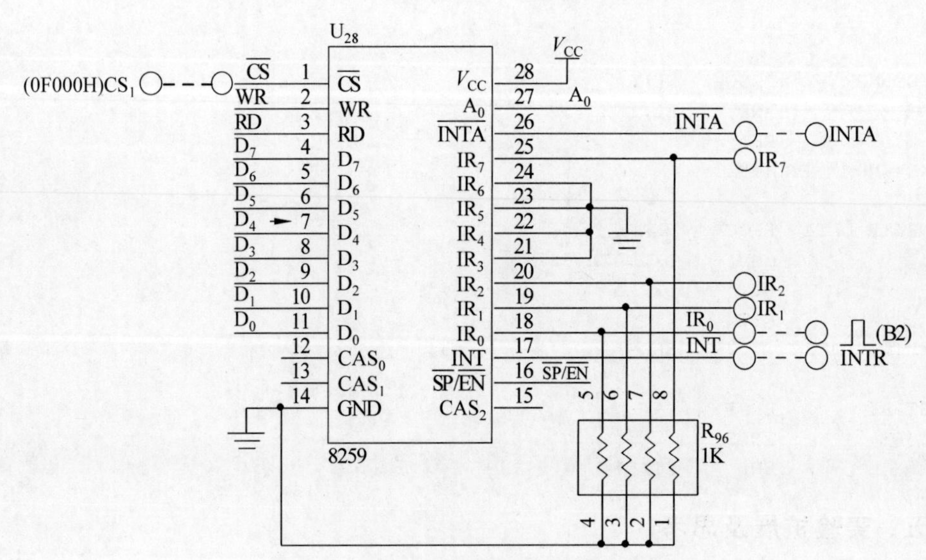

图6-12　8259A中断控制器实验电路图

四、实验程序流程图及参考例程

本实验程序流程图如图 6-13 所示。

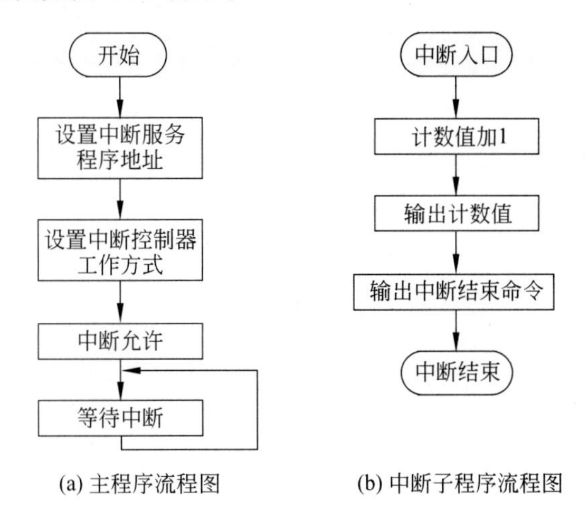

(a) 主程序流程图　　(b) 中断子程序流程图

图 6-13　8259A 中断控制器实验程序流程图

参考例程:

```
        ;8259.ASM
IO8259_0      EQU  0F000H
IO8259_1      EQU  0F001H
IOHC273_0     EQU  8000H
STACK1        SEGMENT  STACK  'STACK'
              DW  100H  DUP(0)
STACK1        ENDS
DATA          SEGMENT
              Counter  DB   ?
              ReDisplayFlag  DB  0
DATA          ENDS
CODE          SEGMENT
              ASSUME  CS:CODE,DS:DATA,ES:DATA,SS:STACK1
START:        MOV   AX,DATA
              MOV   DS,AX
              MOV   ES,AX
              NOP
              CALL  Init8259
              CALL  WriIntver
              MOV   Counter,0           ;中断次数
              MOV   ReDisplayFlag,1     ;需要显示
              STI                       ;开中断
START1:       CMP   ReDisplayFlag,0
              JZ    START1
              CALL  LedDisplay
              MOV   ReDisplayFlag,0
```

```
        JMP   START1
Init8259    PROC  NEAR
        MOV   DX,IO8259_0
        MOV   AL,13H              ;偶数地址写入 ICW1 00010011B
        OUT   DX,AL
        MOV   DX,IO8259_1         ;奇数地址写入 ICW2 ICW4  OCW1
        MOV   AL,08H              ;ICW2
        OUT   DX,AL
        MOV   AL,09H              ;ICW4
        OUT   DX,AL
        MOV   AL,0FEH             ;OCW1
        OUT   DX,AL
        RET
Init8259    ENDP
WriIntver   PROC  NEAR
        PUSH  ES
        MOV   AX,0
        MOV   ES,AX
        MOV   DI,20H
        LEA   AX,INT_0            ;获取中断 IR0 的入口地址
        STOSW
        MOV   AX,CS
        STOSW
        POP   ES
        RET
WriIntver   ENDP
LedDisplay  PROC  NEAR
        MOV   AL,Counter
        MOV   DX,IOHC273_0
        OUT   DX,AL               ;低电平亮,高电平灭
        RET
LedDisplay  ENDP
INT_0:      PUSH  DX
        PUSH  AX
        MOV   AL,Counter
        ADD   AL,1
        MOV   Counter,AL
        MOV   ReDisplayFlag,1
        MOV   DX,IO8259_0
        MOV   AL,20H
        OUT   DX,AL
        POP   AX
        POP   DX
        IRET
CODE        ENDS
END         START
```

```
//8259.c
extern void outportb(unsigned int, char);                   //写 I/O
```

```
extern char inportb(unsigned int);                                //读 I/O
extern void enable(void);                                         //开中断
extern void disable(void);                                        //关中断
extern void setvect(int, void interrupt(*isr)(void));             //写中断向量
extern void interrupt(far * getvect(int __interruptno))();        //读中断向量
#define u8 unsigned char
#define u16 unsigned int
#define IO8259_0 0xf000
#define IO8259_1 0xf001
#define IO273_0 0x8000
u8 count;                                                         //存放中断次数
u8 ReDisplayFlag;
void Init8259()
{
    outportb(IO8259_0,0x13);
    outportb(IO8259_1,0x8);
    outportb(IO8259_1,0x9);
    outportb(IO8259_1,0xfe);
}
void interrupt INT_0(void)
{
    count++;
    ReDisplayFlag=1;
    outportb(IO8259_0,0x20);
}
void LedDisplay()
{
    outport(IO273_0,count);
}
void main()
{   disable();                                                    //关中断
    Init8259();
    //初始化中断向量,8:第 8 号中断向量,INT_0:中断处理程序 setvect(8, INT_0);
    count=0;                                                      //中断次数
    ReDisplayFlag=1;                                              //需要显示
    enable();                                                     //开中断
    while(1)
    {
        if(ReDisplayFlag)
        {
            ReDisplayFlag=0;
            LedDisplay();
        }
    }
}
```

第7章

可编程接口芯片

7.1 知识要点

1. 可编程并行 I/O 接口芯片 8255A

Intel 8255A 是一个通用的可编程并行 I/O 接口芯片，它有 3 个并行 I/O 接口，可通过编程设置多种工作方式。它的内部结构框包含数据总线缓冲器，端口 A、B、C，A 组和 B 组控制部件以及读/写控制逻辑四部分。

两组控制逻辑电路接收来自 CPU 的控制字，控制两组端口的工作方式及读/写操作。其中，A 组控制端口 A 和端口 C 的高 4 位；B 组控制端口 B 和端口 C 的低 4 位。

读/写控制逻辑接收片选信号(CS)、地址信号(A_1 和 A_0)、控制信号(RESET、WR 和 RD)，控制 8255A 的数据传送过程。8255A 有方式 0、方式 1 和方式 2 共 3 种工作方式，由方式控制字设置。

方式 0 又称为基本输入/输出方式。3 个端口都可以在方式 0 下工作，也都可以作为一个 8 位的输入端口或输出端口，端口 C 还可以作为两个 4 位的输入/输出端口。在实际应用中，8255A 可以按照 4 个端口使用。在方式 0 下，端口 C 可以按位进行置位或复位。

方式 0 是一种简单的输入/输出方式，最适合无条件数据输入/输出。8255A 在方式 0 下工作时，应该连接简单外部设备，如开关、继电器、灯等，这些外部设备随时可以接收数据，也随时可以被读出数据。

方式 1 又称为选通输入/输出方式。端口 A 和端口 B 可以在方式 1 下工作，作为数据输入或输出端口。端口 C 提供选通控制信号，这些联络信号由端口 C 的固定位提供。

方式 2 又称为双向传输方式，3 个端口中只有端口 A 可以在方式 2 下工作。

方式选择控制字设定 8255A 的工作方式由 8 位二进制数构成，每位的定义如下：

(1) D_7 位规定为 1，用于区别位操作控制字。

(2) $D_3 \sim D_6$ 用于控制 A 组的工作方式和输入/输出方向。

(3) $D_0 \sim D_2$ 用于控制 B 组的工作方式和输入/输出方向。

位操作控制字：对端口 C 的指定位进行置位/复位操作。

2. 可编程定时/计数器 8253

8253 含有 3 个功能完全独立的 16 位减法计数器。每个计数器都包含一个 16 位的计数初值寄存器、一个计数执行单元和一个输出锁存器，计数执行单元在脉冲的下降沿计数；都有一个脉冲信号输入端 CLK、门控信号输入端 GATE 和一个脉冲信号输出端 OUT，都既可以采用二进制计数，也可以采用十进制计数(BCD 码)；都可以通过门控信号控制计数器启动、停止或复位，当计数值减为 0 时，输出端发出特定信号。

8253 共有 6 种计数方式，可采用两种数制计数。16 位计数初值可以采用 3 种方法写入，这些都由控制字控制。所以，在使用 8253 之前，必须向 8253 控制寄存器写入控制字，通常也把控制字称为方式控制字。在计数器计数过程中，如果要读取计数器的当前值，也需要先向 8253 写一个适当的控制字，再进行读/写操作。

8253 的 6 种计数方式如下。

方式 0：计数结束中断。

方式 1：可重复触发的单脉冲发生器。

方式 2：频率发生器。

方式 3：方波发生器。

方式 4：软件触发选通。

方式 5：硬件触发选通。

方式控制字每位的含义如下：

SC_1、SC_0(D_7D_6)用于选择计数器。设定 8253 的控制字首先要设定这两位。例如，设定其为 00，则后面设置的其他位都是针对计数器 0。

RL_1、RL_0(D_5D_4)用于选择计数初值(又称时间常数)，即计数器开始工作时的起始数据。CPU 与 8253 之间一次只能交换 1 字节，当 8253 的计数初值是 16 位二进制数据时，需要分两次写入，因此 D_5D_4 用于选择计数初值的写入方法。

RL_1、RL_0(D_5D_4)也用于 CPU 读取计数值。当 $D_5D_4=00$ 时，用于 CPU 读取计数值。当 8253 收到的控制字中 $D_5D_4=00$ 时，计数器的当前值就被锁存到一个 16 位的输出锁存器中，此时计数器照常计数，但锁存器的值不再变化，待 CPU 将锁存器中的 2 个字节值读走后，锁存器的内容又随计数器变化。

M_2、M_1、M_0($D_3D_2D_1$)用于选择计数器的工作方式。每个计数器有 6 种方式供选择。

BCD(D_0)：计数数制选择。$D_0=0$ 时，为二进制计数，计数范围为 0000～65536，0 为最大计数初值；$D_0=1$ 时，为十进制计数，计数初值以 BCD 码的形式写入，计数范围为 0000～10000，0 为最大计数初值。

8253 的初始化编程主要设置两方面的内容，一是写入控制字；二是写入计数初值。

3. 串行通信接口

数据通信的基本方式可分为并行通信与串行通信两种。并行通信是指利用多条数据传输线将数据的各位同时传送，传输速度快，适用于短距离通信。串行通信是指利用一条数据传输线将数据逐位顺序传送，通信线路简单，适用于远距离通信，但传输速度慢。串行通信方式又分为同步串行通信和异步串行通信。

8251A 通用同步/异步收发器 USART，可以作为串行接口的核心芯片。其主要性能如下：

(1) 可用于同步传送和异步传送。

(2) 可产生中止字符，检查假启动位，自动检测和处理中止字符。

(3) 同步传送的波特率范围为 0～64Kbps，异步传送的波特率范围为 0～19.2Kbps。

(4) 全双工、双缓冲器发送和接收。

(5) 出错检测：具有奇偶、溢出和帧错误等检测电路。

(6) 全部输入/输出与 TTL 电平兼容。

7.2 习题解答

1. 8255A 有几个数据输入/输出端口？各有什么特点？

解：8255A 有 3 个 8 位数据输入/输出端口：端口 A、端口 B 和端口 C，分别简称为 A 口、B 口和 C 口。它们对外的引线分别是 $PA_0 \sim PA_7$、$PB_0 \sim PB_7$ 和 $PC_0 \sim PC_7$。C 口可分成两个 4 位的端口：C 口高 4 位($PC_4 \sim PC_7$)和 C 口低 4 位($PC_0 \sim PC_3$)。3 个端口按组编程，都可以通过编程设定为数据输入端口或输出端口。

端口 A 和端口 B 都有一个 8 位数据输入锁存器和一个 8 位数据输出锁存/缓冲器。端口 C 有一个 8 位数据输入缓冲器和一个 8 位数据输出锁存/缓冲器。端口 C 可以按位操作。端口 A、B 和 C 都可以作为数据输入/输出端口。还可以将 A 口与 B 口作为数据输入/输出端口，C 口作为握手联络信号，负责输出控制信息或输入状态信息。

2. 8255A 有几种工作方式？如何工作？

解：8255A 有 3 种工作方式。方式 0 又称基本输入/输出方式。3 个端口都可以在方式 0 下工作，都可以作为一个 8 位的输入口或输出口，C 口还可以作为两个 4 位的输入/输出口。在方式 0 下，C 口可以按位进行置位或复位。

方式 0 是一种简单的输入/输出方式，没有规定固定的应答联络信号，最适合无条件数据输入/输出。8255 在方式 0 下工作时，应该连接简单外部设备，如开关、继电器、灯等，这些外部设备随时可以接收数据，也随时可以被读出数据。CPU 通过 8255 与这样的外部设备交换信息时，既不需要查询外部设备的状态，也不需要发送控制信号。

方式 0 又可以用于查询工作方式，这时常将 C 口的高 4 位(或低 4 位)定义为输入口，输入外部设备状态；将 C 口的低 4 位(或高 4 位)定义为输出，输出控制信号。A 口和 B 口作为数据输入/输出口和外部设备相连。

方式 1 又称选通输入/输出方式。A 口和 B 口可以在方式 1 下工作，作为数据输入或输出口。C 口提供选通控制信号，这些联络信号由 C 口的固定位提供。方式 1 又可以分为"方式 1 输入"和"方式 1 输出"两种情况工作。

方式 2 又称双向传输方式，3 个端口中只有端口 A 能在方式 2 下工作。当端口 A 在方式 2 下工作时，外部设备通过 8 位数据线可以向 CPU 发送数据，也可以接收 CPU 的数据。当端口 A 工作在方式 2 时，端口 C 的 PC_3～PC_7 用于提供相应的联络信号，配合端口 A 工作。

3. 若 8255A 的端口 A 定义为方式 0，输入；端口 B 定义为方式 1，输出；端口 C 的上半部定义为方式 0，输出。试编写初始化程序(端口地址为 80H～83H)。

解：控制字为 10010100B

```
MOV AL, 94H
OUT 83H, AL
```

4. 如图 7-1 所示，8255 的 A 口、C 口均在方式 0 下工作。以 8255 的 PA 口作为输出口，控制 8 个单色 LED 灯；PC 口作为输入口，连接 8 个开关 K_0～K_7，根据开关状态，请说明：(1)8255 的端口地址和方式控制字；(2)编程控制：检测开关的状态，如果 K_0～K_7 全闭合，PA_0～PA_7 控制的灯亮，否则，PA_0～PA_7 控制的灯灭。

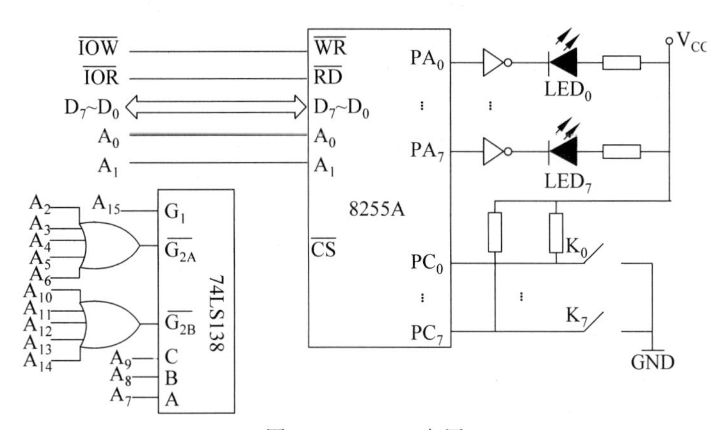

图 7-1 8255A 应用

解：8255A 的端口地址为 8080H～8083H，方式控制字为 10001001b。

根据题意，如果 K_0～K_7 全闭合，从端口 C 输入的数据为 0，若要 PA_0～PA_7 控制的灯亮，则需要从端口 A 输出 FFH；如果从端口 C 输入的数据不为 0，则需要从端口 A 输出数据 0，才能使 PA_0～PA_7 控制的灯灭。控制程序段如下：

```
    MOV  DX, 8083H
    MOV  AL, 89H
    OUT  DX, AL
    MOV  DX, 8082H
    IN   AL,    DX
    CMP  AL, 0
    JZ   L1
    MOV  AL,0
    JMP  L2
L1: MOV  AL,0FFH
L2: MOV  DX, 8080H
    OUT  DX,AL
```

```
    HLT
```

5. 定时/计数器芯片 8253 有几个独立的计数器？共有几种工作方式？

解：8253 芯片有 3 个完全独立的减法计数器：计数器 0、计数器 1、计数器 2。

8253 共有 6 种计数方式。

方式 0：计数结束中断。

方式 1：可重复触发的单脉冲发生器。

方式 2：频率发生器。

方式 3：方波发生器。

方式 4：软件触发选通。

方式 5：硬件触发选通。

6. 某系统中 8253 芯片端口地址为 FFF0H～FFF3H。计数器 0 在方式 2 下工作，$CLK_0=2MHz$，要求 OUT_0 输出 1kHz 的脉冲；计数器 1 在方式 0 下工作，对外部事件计数，每计满 100 个向 CPU 发出中断请求。试写出 8253 的初始化程序。

解：CNT_0：控制字为 00110100B，计数初值为 $N=F_{CLK}/F_{OUT}=2MHz/1kHz=2000$。

CNT_1：控制字为 01010000B，计数初值为 N=100。

```
MOV  DX, 0FFF3H          ;计数器 0 在方式 0 下工作
MOV  AL, 34H
OUT  DX, AL
MOV  DX, 0FFF0H
MOV  AX, 2000
OUT  DX, AL              ;计数器 0 置初值
MOV  AL,AH
OUT   DX,AL
MOV  DX, 0FFF3H          ;计数器 1 在方式 3 下工作
MOV  AL, 50H
OUT  DX, AL
MOV  DX, 0FFF1H
MOV  AL, 100
OUT  DX, AL
```

7. 如图 7-2 所示，利用 8253 产生时钟基准信号，现有频率为 2MHz 的时钟脉冲信号，要求 OUT_0 提供毫秒级脉冲信号(1000Hz)，OUT_1 提供秒级脉冲信号(1Hz)，OUT_2 输出的脉冲信号周期为 60s，完成 8253 初始化程序。

解：

CNT_0：控制字为 00110100B(34H)，计数初值为 $N= F_{CLK}/F_{OUT0}=2MHz/1kHz=2000$。

CNT_1：控制字为 01110100B(74H)，计数初值为 $N= F_{OUT0}/F_{OUT1}=1kHz/1Hz=1000$。

CNT_2：控制字为 10010100B(94H)，计数初值为 $N= T_{OUT1}/T_{out2}=60s/1s=60$。

初始化程序：

设 CNT_0、CNT_1、CNT_2、CON 依次为计数器 0、计数器 1、计数器 2、控制寄存器的端

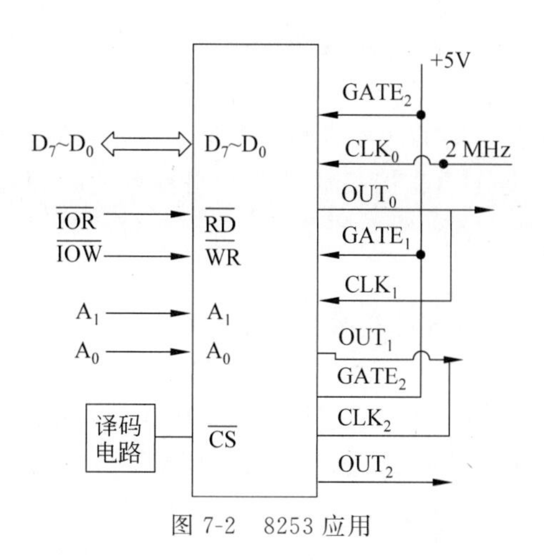

图 7-2　8253 应用

口地址。

```
MOV   DX, CON
MOV   AL, 34H                ;计数器 0 初始化
OUT   DX, AL
MOV   DX, CNT0
MOV   AX,2000
OUT   DX, AL
MOV   AL,AH
OUT   DX, AL
MOV   DX, CON
MOV   AL, 74H                ;计数器 1 初始化
OUT   DX, AL
MOV   DX, CNT1
MOV   AX,1000
OUT   DX, AL
MOV   AL,AH
OUT   DX, AL
MOV   DX, CON
MOV   AL, 94H                ;计数器 2 初始化
OUT   DX, AL
MOV   DX, CNT2
MOV   AL,60
OUT   DX, AL
```

8. 什么是同步串行通信？什么是异步串行通信？它们的数据通信格式各有什么特点？

解：同步串行通信是将若干个字符组成一个数据块（帧）进行传输，字符间无间隔。同步串行通信要求发送端和接收端的时钟信号保持严格同步。同步通信帧格式由同步字符、数据和校验码组成。其中同步字符位于帧开头，用于确认数据的开始，数据在同步字符之后。校验码通常为1或2个，是接收端收到的字符序列进行正确性校验的依据。

异步串行通信将一个字符作为一个独立的信息单元（帧）进行通信，字符内位和位的间隔时间固定，字符与字符之间的间隔时间不固定。在相同的波特率下，发送端和接收端的时钟不需要保持同步，发送端和接收端可以使用各自的时钟控制数据的发送和接收。异步串行通信中的数据常以字符或者字节为单位组成帧进行传送。一帧包含起始位、数据位、奇偶校验位和停止位。

9. 8251A异步串行通信方式的初始化流程是什么？

解：首先设置方式选择控制字，然后写入命令控制字。

10. 8251A采用异步通信方式，控制端口地址为202H，设定字符为7位数据、1位偶校验、2位停止位，波特率因子为16，发送/接收波特率为9600bps，说明发送/接收时钟频率应该是多少，并编程初始化8251A。

解：发送/接收波特率为9600bps，波特率因子为16，发送/接收时钟频率应该是9600×16＝153.6kHz。

8251A异步通信初始化程序如下：

```
MOV  DX, 202H
MOV  AL, 0FAH
OUT  DX, AL
MOV  AL, 37H
OUT  DX, AL
```

11. 如图7-3所示，8251A采用异步通信方式，控制端口地址为3FAH，数据端口地址为3F8H，发送时钟和接收时钟均由8253计数器2提供，8253的端口地址为3F4H～3F7H，请初始化8253和8251A，并发送BUFF单元中的数据，发送波特率为2400bps。

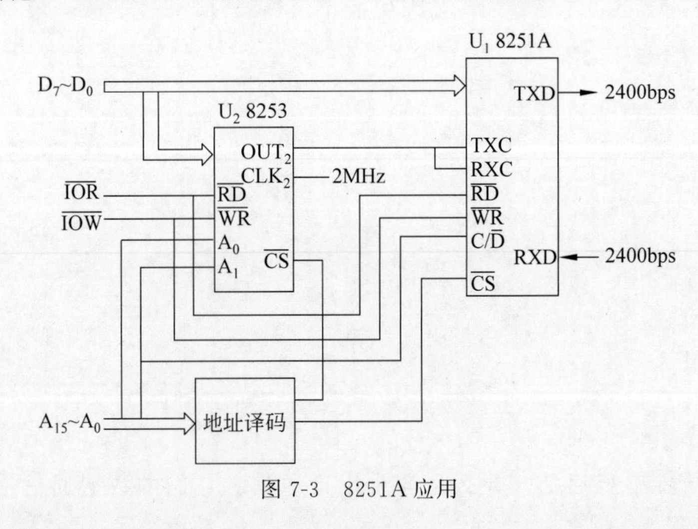

图7-3　8251A应用

解：发送波特率为2400bps，波特率因子为16，发送时钟频率应该是2400×16＝38.4kHz。

8253计数器2应该在方式3下工作，产生方波，它的控制字应该为10110110b。计数器 2 的输入脉冲信号为 2MHz，所以它的分频系数应该是 2MHz/38.4kHz=52。

```
;8253 的初始化程序
MOV  DX, 3F7H
MOV  AL, 0B6H
OUT  DX, AL              ;设置计数器 2，方波
MOV  DX, 3F6H
MOV  AX, 52              ;计数初值
OUT  DX, AL
MOV  AL, AH
OUT  DX, AL
;8251A 异步通信方式初始化程序
MOV  DX, 3FAH
MOV  AL, 4EH             ;方式控制字，异步，8 位数据，1 位停止位，波特率因子为 16
OUT  DX, AL
MOV  CX, 0FFH
LOOP  $                  ;延时
MOV  AL, 27H             ;命令控制字，启动发送器和接收器
OUT  DX, AL
MOV  CX, 0FFH
LOOP  $                  ;延时
;将 BUFF 中的数据发送出去
NEXT:  MOV  DX,  3FAH
       IN   AL, DX
       TEST AL, 1         ;TXRDY 状态位是否有效
       JZ   NEXT
       MOV  DX, 3F8H
       MOV  AL, BUFF
       OUT  DX,AL
       MOV  CX, 0FFH
       LOOP $             ;延时
```

7.3　可编程接口芯片应用实验

实验 1　8255 输入/输出实验

一、实验目的

(1) 了解 8255 芯片结构及编程方法。

(2) 掌握 8255 方式 0 的输入/输出方法。

二、实验内容

利用 8255 可编程并行口芯片，实现输入/输出。8255 的端口 A 作为输出端口，端口 B 作为输入端口。从端口 B 输入数据，从端口 A 输出数据，循环点亮 LED 灯，拨动开关，亮灯的数量发生变化，循环也发生变化。

三、实验电路图及接线

可编程通用接口芯片 8255A 有 3 个 8 位的并行 I/O 口，它有 3 种工作方式。本实验采用的是方式 0：PA 端口输出，PB 端口输入。很多 I/O 实验都可以通过 8255 来实现。实验电路如图 7-4 所示，连线如表 7-1 所示。

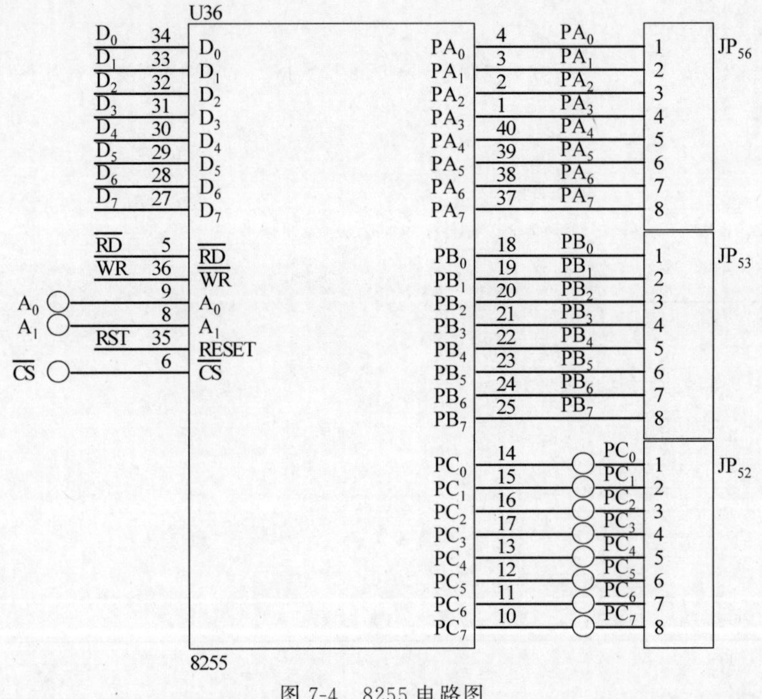

图 7-4　8255 电路图

表 7-1　8255 接线表

1	B4 区：CS、A_0、A_1	A3 区：CS_8、A_0、A_1
2	B4 区：JP_{56}	G6 区：JP_{80}（拨动开关）
3	B4 区：JP_{53}	G6 区：JP_{65}（LED 指示灯）

四、实验程序流程图及参考例程

参考例程 1 的程序流程图如图 7-5 所示，参考例程 2 的程序流程图如图 7-6 所示。

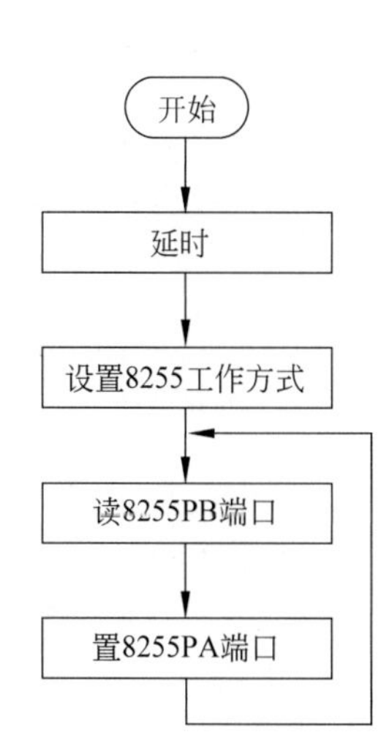

图 7-5　8255 输入/输出参考例程 1 流程图

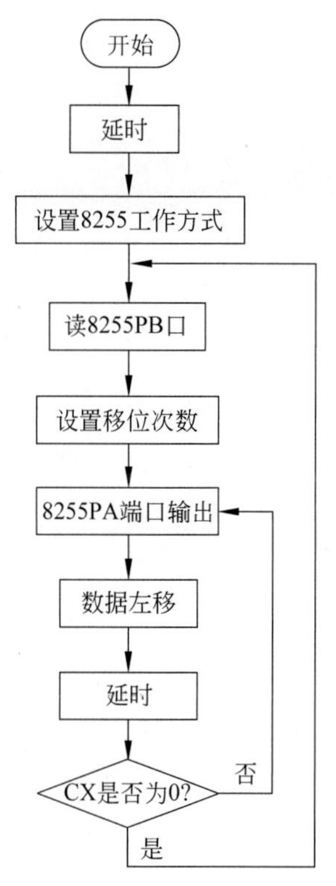

图 7-6　8255 输入/输出参考例程 2 流程图

参考例程 1：

```
;8255-1.asm,片选 CS8
MODE     EQU   082H               ;控制字
PORTA    EQU   8000H              ;PORT A
PORTB    EQU   8001H              ;PORT B
PORTC    EQU   8002H              ;PORT C
CTRL     EQU   8003H              ;控制端口
ESTACK   SEGMENT   STACK 'STACK'
         DW 100 DUP(?)
ESTACK   ENDS
CODE     SEGMENT
         ASSUME CS:CODE,SS:ESTACK
START:
         MOV   AL, MODE         ;设置 8255 工作方式
         MOV   DX, CTRL
         OUT   DX, AL
         MOV   DX, PORTB        ;端口 PB 输入
         IN    AL, DX
         MOV   DX, PORTA        ;端口 PA 输出
         OUT   DX, AL
```

```
        JMP   START
CODE    ENDS
        END START
```

```
//8255-1.c
extern void outportb(unsigned int, char);                    //写 I/O
extern char inportb(unsigned int);                           //读 I/O

#define  IO8255_A   0x8000
#define  IO8255_B   0x8001
#define  IO8255_C   0x8002
#define  IO8255_CTRL  0x8003

void main()
{  unsigned int  b;
  outportb(IO8255_CTRL,0x82);                                //8255 初始化
  while(1)
  {
    b=inportb(IO8255_B);                                     //8255 端口 B 输入
    outportb(IO8255_A,b);                                    //8255 端口 A 输出
  }
}
```

参考例程 2：

```
; 8255-2.asm,片选 CS8
MODE      EQU  082H
PORTA     EQU  8000H  ;PORT A
PORTB     EQU  8001H  ;PORT B
PORTC     EQU  8002H  ;PORT C
CTRL      EQU  8003H  ;控制口
ESTACK    SEGMENT STACK  'STACK'
          DW 100 DUP(?)
ESTACK    ENDS
CODE    S EGMENT
    ASSUME CS:CODE, SS:ESTACK
START:    MOV   AL, MODE
          MOV   DX, CTRL
          OUT   DX, AL
          MOV   CX, 08H
          MOV   DX, PORTB
          IN    AL, DX
OUTA:
          MOV   DX, PORTA
          OUT   DX, AL
          ROL   AL, 1
```

```
        CALL  DELAY
        LOOP  OUTA
        JMP   START
DELAY   PROC  NEAR
        PUSH  CX
        MOV   CX,0FFFFH
        LOOP  $
        POP   CX
        RET
DELAY   ENDP
CODE    ENDS
        END START
```

```
//8255-2.c
extern void outportb(unsigned int, char);                //写 I/O
extern char inportb(unsigned int);                       //读 I/O

#define  IO8255_A   0x8000
#define  IO8255_B   0x8001
#define  IO8255_C   0x8002
#define  IO8255_CTRL  0x8003

void delay()
{   unsigned int i;
    i=0xffff;
    while(i)
    i--;

}

void main()
{   unsigned int count,b;
    outportb(IO8255_CTRL,0x82);                          //8255A 初始化
    while(1)
    {
        b=inportb(IO8255_B);                             //8255A 端口 B 输入
        for(count=8;count>0; count--)
        {   outportb(IO8255_A,b);                        //8255A 端口 A 输出
            delay();
            b=(b<<1)|1;
        }
    }
}
```

实验 2　8255 控制交通灯实验

一、实验目的

（1）了解 8255 芯片的工作原理，熟悉其初始化编程方法以及输入/输出程序设计技巧。学会使用 8255 并行接口芯片实现各种控制功能。

（2）熟悉 8255 内部结构和 8255 与 8088 的接口逻辑，熟悉 8255 芯片的 3 种工作方式以及控制字格式。

二、实验内容

1. 编写程序，利用 8255 的 $PA_0 \sim PA_2$、$PA_4 \sim PA_6$ 控制 LED 指示灯，实现交通灯功能。

2. 连接线路验证 8255 的功能，熟悉它的使用方法。

三、实验电路图及接线

控制电路图如图 7-7 所示，接线如表 7-2 所示。

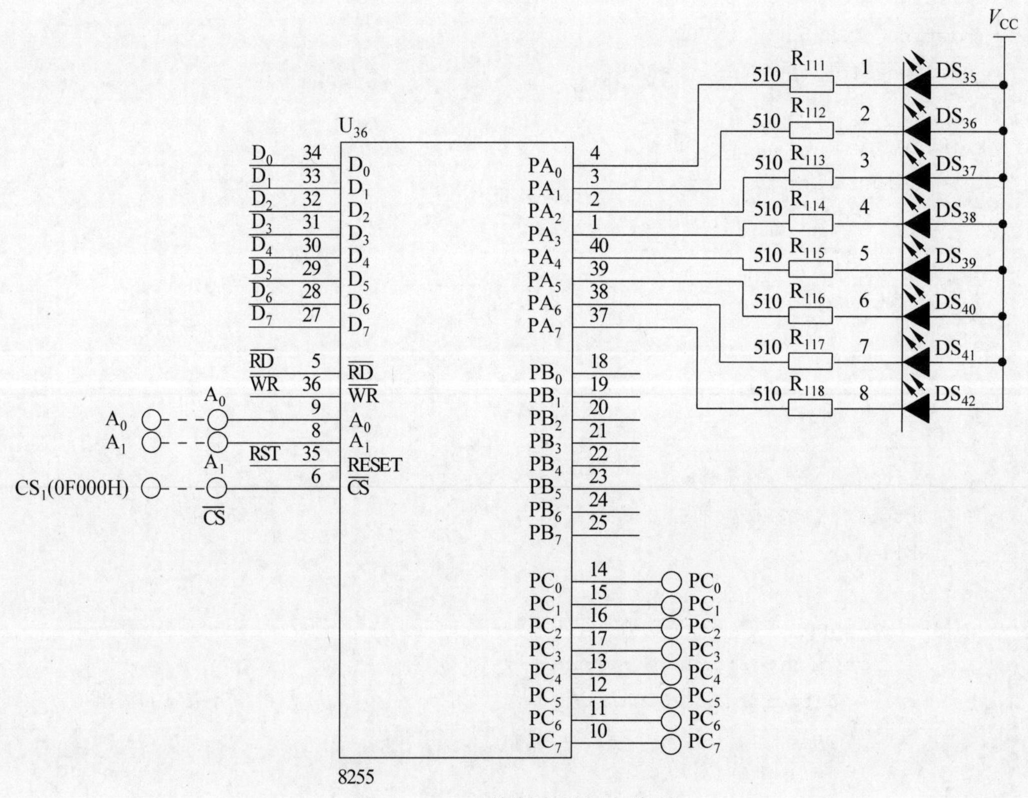

图 7-7　8255 控制交通灯电路图

表 7-2　8255 控制交通灯接线表

1	B4 区：CS、A_0、A_1	A3 区：CS_1、A_0、A_1
2	B4 区：JP_{56}(PA 端口)	G6 区：JP_{65}

四、实验参考例程

参考例程：

```
COM_ADD     EQU  0F003H
PA_ADD      EQU  0F000H
PB_ADD      EQU  0F001H
PC_ADD      EQU  0F002H
_STACK      SEGMENT  STACK  'STACK'
    DW      100 DUP(?)
_STACK      ENDS

_DATA       SEGMENT  WORD PUBLIC 'DATA'
LED_Data   DB  01111110B          ;东西绿灯,南北红灯
    DB     01111111B              ;东西绿灯闪烁,南北红灯
    DB     01111101B              ;东西黄灯亮,南北红灯
    DB     11011011B              ;东西红灯,南北绿灯
    DB     11111011B              ;东西红灯,南北绿灯闪烁
    DB     10111011B              ;东西红灯,南北黄灯亮
_DATA        ENDS

CODE       SEGMENT
START      PROC  NEAR
           ASSUME  CS:CODE, DS:_DATA, SS:_STACK
           MOV  AX,_DATA
             MOV  DS,AX
           NOP
           MOV  DX,COM_ADD
           MOV  AL,80H            ;PA、PB、PC 为基本输出模式
           OUT  DX,AL
           MOV  DX,PA_ADD         ;灯全熄灭
           MOV  AL,0FFH
           OUT  DX,AL
           LEA  BX,LED_Data
START1:    MOV  AL,0
           XLAT
           OUT  DX,AL             ;东西绿灯,南北红灯
           CALL  DL5S
           MOV  CX,6
```

```
START2:   MOV  AL,1
          XLAT
          OUT  DX,AL                    ;东西绿灯闪烁,南北红灯
          CALL  DL500ms
          MOV  AL,0
          XLAT
          OUT  DX,AL
          CALL  DL500ms
          LOOP  START2
          MOV  AL,2                     ;东西黄灯亮,南北红灯
          XLAT
          OUT  DX,AL
          CALL  DL3S
          MOV  AL,3                     ;东西红灯,南北绿灯
          XLAT
          OUT  DX,AL
          CALL  DL5S
          MOV  CX,6
START3:   MOV  AL,4                     ;东西红灯,南北绿灯闪烁
          XLAT
          OUT  DX,AL
          CALL  DL500ms
          MOV  AL,3
          XLAT
          OUT  DX,AL
          CALL  DL500ms
          LOOP  START3
          MOV  AL,5                     ;东西红灯,南北黄灯亮
          XLAT
          OUT  DX,AL
          CALL  DL3S
          JMP  START1

DL500ms   PROC  NEAR
          PUSH  CX
          MOV    CX,60000
DL500ms1: LOOP  DL500ms1
          POP  CX
          RET
DL500ms   ENDP

DL3S      PROC  NEAR
          PUSH  CX
          MOV    CX,6
```

```
DL3S1:     CALL  DL500ms
           LOOP  DL3S1
           POP  CX
           RET
           ENDP

DL5S       PROC  NEAR
           PUSH  CX
           MOV  CX,10
DL5S1:     CALL  DL500ms
           LOOP  DL5S1
           POP   CX
           RET
           ENDP

START      ENDP
CODE       ENDS
           END  START
```

C 程序

```
#define PA_Addr    0xf000
#define PB_Addr    0xf001
#define PC_Addr    0xf002
#define CON_Addr  0xf003

#define u8 unsigned char
#define u16 unsigned int

extern void outportb(unsigned int, char);

void delay(u16 ms)
{
    u16 i;
    while(ms--)
    {
        i=100;
        do
        {;}while(--i);
    }
}

void main()
{
    u8 i, j;
```

```
    u8 led_data[]={0x7e,                          //东西绿灯,南北红灯
                    0xfe,                          //东西绿灯闪烁,南北红灯
                    0xbe,                          //东西黄灯亮,南北红灯
                    0xdb,                          //东西红灯,南北绿灯
                    0xdf,                          //东西红灯,南北绿灯闪烁
                    0xdd};                         //东西红灯,南北黄灯亮
    outportb(CON_Addr, 0x80);                     //PA、PB、PC为基本输出模式
    outportb(PA_Addr, 0xff);                      //灯全熄灭
    while(1)
    {
        outportb(PA_Addr, led_data[0]);           //东西绿灯,南北红灯
        delay(5000);
        for(i=0; i<6; i++)
        {
            outportb(PA_Addr, led_data[1]);       //东西绿灯闪烁,南北红灯
            delay(500);
            outportb(PA_Addr, led_data[0]);
            delay(500);
        }
        outportb(PA_Addr, led_data[2]);           //东西黄灯亮,南北红灯
        delay(3000);
        outportb(PA_Addr, led_data[3]);           //东西红灯,南北绿灯
        delay(5000);
        for(i=0; i<6; i++)
        {
            outportb(PA_Addr, led_data[4]);       //东西红灯,南北绿灯闪烁
            delay(500);
            outportb(PA_Addr, led_data[3]);
            delay(500);
        }
        outportb(PA_Addr, led_data[5]);           //东西红灯,南北黄灯亮
        delay(3000);
    }
}
```

五、实验扩展及思考

如何对8255A的PC端口进行位操作?

实验3　步进电动机控制实验

一、实验目的

(1) 了解步进电机控制的基本原理。

(2) 掌握控制步进电机转动的编程方法。

二、实验内容

用 8255 扩展端口控制步进电机,编写程序输出脉冲序列到 8255 的端口 A,控制步进电机正转、反转、加速、减速。

三、实验电路图及接线

8255 控制控制步进电机电路图如图 7-8 所示。本实验中,用总线方式控制 8255 的 A 端口输出控制步进电机运转的脉冲信号,接线如表 7-3 所示。

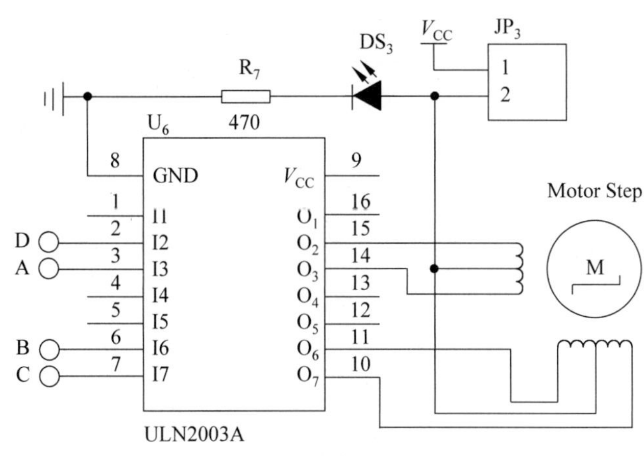

图 7-8　8255 控制步进电机电路图

表 7-3　步进电机控制实验接线表

1	B4 区：CS、A_0、A_1	A3 区：CS_8、A_0、A_1
2	B4 区：PC_0、PC_1、PC_2、PC_3	E1 区：A、B、C、D

四、实验说明

步进电机驱动原理是通过对每相线圈中的电流的顺序进行切换,从而使电机作步进式旋转。切换通过单片机输出脉冲信号实现。所以调节脉冲信号的频率可以改变步进电机的转速,改变各相脉冲的先后顺序可以改变电机的旋转方向。步进电机的转速应由慢到快逐步加速。

电机驱动方式可以采用双四拍(AB→BC→CD→DA→AB)方式,也可以采用单四拍(A→B→C→D→A)方式,或单/双八拍(A→AB→B→BC→C→CD→D→DA→A)方式。

8255 的 PA 端口输出的脉冲信号是高有效,但实际控制时公共端是接在 V_{CC}上的,所以实际控制脉冲是低有效。PA 端口输出的脉冲信号经 MC1413 或 ULN2003A 反相驱动后,向步进电机输出脉冲信号序列。

五、实验程序流程图及参考例程

本实验的程序流程图如图 7-9 所示。

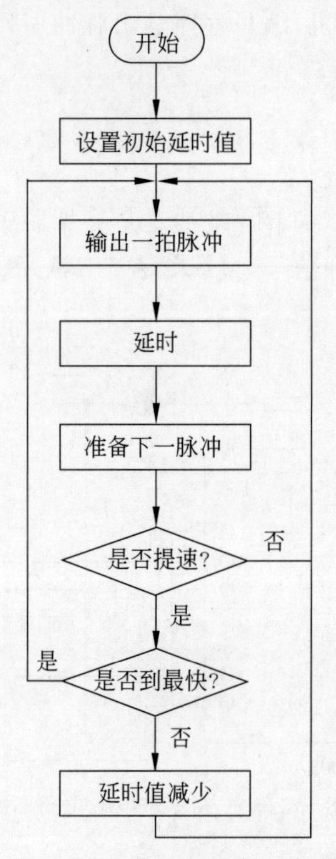

图 7-9　步进电机控制程序流程图

参考例程:

```
MODE      EQU   082H                  ;8255 控制字
CTL       EQU   08000H                ;8255PA 端口地址
CONTRL    EQU   08003H                ;8255 控制端口地址
ASTEP     EQU 01H
BSTEP     EQU 02H
CSTEP     EQU 04H
DSTEP     EQU 08H
DATA   SEGMENT
    DLY_C   DW   0
DATA   ENDS
ESTACK    SEGMENT STACK 'STACK'
      DW 100 DUP(?)
ESTACK   ENDS
CODE   SEGMENT
ASSUME  CS:CODE,DS:DATA,SS:ESTACK
```

```
START:  MOV  AX,DX              ;初始化数据段
        MOV  DS,AX
        MOV  DX,CONTRL          ;设置 8255 工作方式
        MOV  AL,MODE
        OUT  DX,AL
        MOV  DX,CTL
        MOV  AL,0
        OUT  DX,AL
        MOV  DLY_C,1000H        ;设置延时初值
        JMP  STEP4
;单/双八拍工作方式
STEP8:
        MOV  DX,CTL
        MOV  AL,ASTEP
        OUT  DX,AL
        CALL DELAY
        MOV  AL,ASTEP+BSTEP
        OUT  DX,AL
        CALL DELAY
        MOV  AL,BSTEP
        OUT  DX,AL
        CALL DELAY
        MOV  AL,BSTEP+CSTEP
        OUT  DX,AL
        CALL DELAY
        MOV  AL,CSTEP
        OUT  DX,AL
        CALL DELAY
        MOV  AL,CSTEP+DSTEP
        OUT  DX,AL
        CALL DELAY
        MOV  AL,DSTEP
        OUT  DX,AL
        CALL DELAY
        MOV  AL,DSTEP+ASTEP
        OUT  DX,AL
        CALL DELAY
        MOV  AX,DLY_C
        DEC  AH
        CMP  AX,100H            ;提高转速
        JNE  NN1                ;最大转速
        INC  AH
NN1:    MOV  DLY_C,AX           ;修改延时初值
        JMP  STEP8
```

```
; 双四拍工作方式
STEP4:
        MOV  DX,CTL
        MOV  AL,ASTEP+BSTEP
        OUT  DX,AL
        CALL DELAY
        MOV  AL,BSTEP+CSTEP
        OUT  DX,AL
        CALL DELAY
        MOV  AL,CSTEP+DSTEP
        OUT  DX,AL
        CALL DELAY
        MOV  AL,DSTEP+ASTEP
        OUT  DX,AL
        CALL DELAY
        MOV  AX,DLY_C
        DEC  AH
        CMP  AX,200H             ;提高转速
        JNE  NN2                 ;最大转速
        INC  AH
NN2:    MOV  DLY_C,AX            ;修改延时初值
        JMP  STEP4
; 单四拍工作方式
STEP41:
        MOV  DX,CTL
        MOV  AL,DSTEP
        OUT  DX,AL
        CALL DELAY
        MOV  AL,CSTEP
        OUT  DX,AL
        CALL DELAY
        MOV  AL,BSTEP
        OUT  DX,AL
        CALL DELAY
        MOV  AL,ASTEP
        OUT  DX,AL
        CALL DELAY
        MOV  AX,DLY_C
        DEC  AH
        CMP  AX,300H             ;提高转速
        JNE  NN3                 ;最大转速
        INC  AH
NN3:    MOV  DLY_C,AX            ;修改延时初值
        JMP  STEP41
```

```
DELAY    PROC NEAR
         PUSH CX
         MOV  CX,DLY_C          ;内存单元 DLY_C 内的数据为延时初值
DD1:     LOOP DD1               ;NOP
         POP  CX
         RET
    DELAYENDP
CODE     ENDS
    END  START
```

```
//单四拍
extern void outportb(unsigned int, char);        //写 I/O
extern char inportb(unsigned int);               //读 I/O
#define MODE  0x82
#define IO8255_C      0x8002
#define IO8255_CTRL   0x8003
#define ASTEP    1
#define BSTEP    2
#define CSTEP    4
#define DSTEP    8

void delay()
{ unsigned int i;
     i=0xfff;
     while(i--);

     }
void main()
{   unsigned int  count,b;
    outportb(IO8255_CTRL,MODE);                  //8255 初始化
    while(1)
    {
        outportb(IO8255_C, ASTEP);               //A 相输出
        delay();
        outportb(IO8255_C, BSTEP);               //B 相输出
        delay();
        outportb(IO8255_C, CSTEP);               //C 相输出
        delay();
        outportb(IO8255_C, DSTEP);               //D 相输出
        delay();
    }
}

//双 4 拍
```

```
extern void outportb(unsigned int, char);          //写 I/O
extern char inportb(unsigned int);                 //读 I/O
#define MODE   0x82
#define IO8255_C   0x8002
#define IO8255_CTRL 0x8003
#define ASTEP     1
#define BSTEP     2
#define CSTEP     4
#define DSTEP     8

void delay()
{ unsigned int i;
    i=0xfff;
    while(i--);
    }

void main()
{   unsigned int count,b;
    outportb(IO8255_CTRL,MODE);                    //8255 初始化
    while(1)
    {
        outportb(IO8255_C, ASTEP+BSTEP);           //AB 相输出
        delay();
        outportb(IO8255_C, BSTEP+CSTEP);           //BC 相输出
        delay();
        outportb(IO8255_C, CSTEP+DSTEP);           //CD 相输出
        delay();
        outportb(IO8255_C, DSTEP+ASTEP);           //DA 相输出
        delay();

    }
}
```

实验 4　8253 定时实验

一、实验目的

(1) 学习 8253 的控制方法。

(2) 学习 8253 的定时方法。

二、实验内容

1. 设置 8253 计数器 0，工作方式 3，输入脉冲为时钟信号，频率为 1MHz，时间常数为

10000，从灯的闪烁效果观察输出脉冲的情况。

2. 调整定时时间，使灯每秒闪烁 1 次。

三、实验电路图及接线

实验内容 1 的电路图如图 7-10 所示，接线如表 7-4 所示。实验内容 2 的电路如图 7-11 所示，接线如表 7-5 所示。

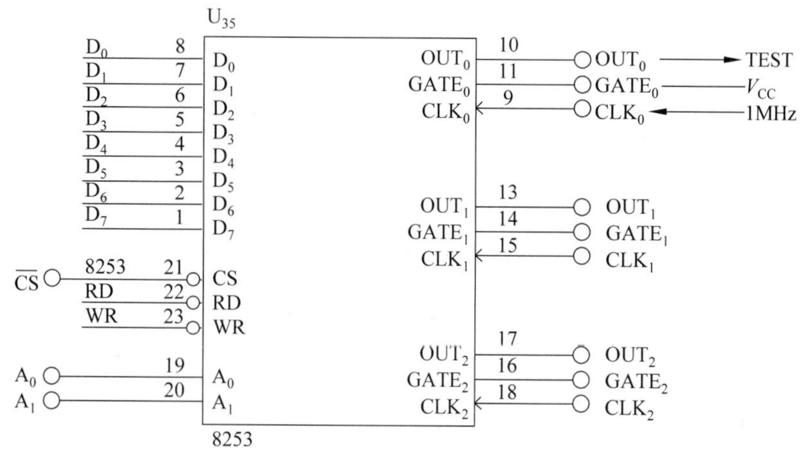

图 7-10 8253 定时实验 1 电路图

表 7-4 8253 定时实验内容 1 接线表

1	C5 区：CS、A_0、A_1	A3 区：CS_8、A_0、A_1
2	C5 区：CLK_0、OUT_0	B2 区：1MHz、TEST(逻辑笔)
3	C5 区：$GATE_0$	C1 区：V_{CC}(5V)

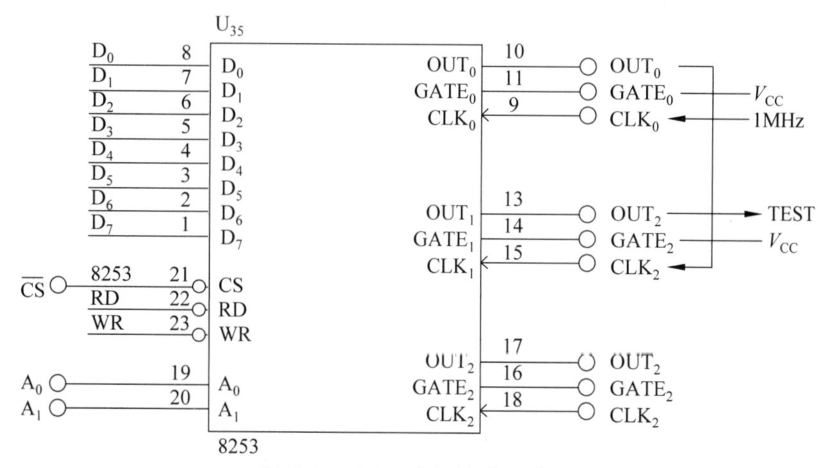

图 7-11 8253 串行连接电路图

表 7-5　8253 定时实验内容 2 接线表

1	C5 区：CS、A_0、A_1	A3 区：CS_8、A_0、A_1
2	C5 区：CLK_0	B2 区：1MHz
3	C5 区：$GATE_0$、$GATE_1$	C1 区：V_{CC}(5V)、V_{CC}
4	C5 区：CLK_1	C5 区：OUT_0
5	C5 区：OUT_1	B2 区：TEST(逻辑笔)

四、实验说明

实验内容 1 定时实验，采用工作方式 3，OUT_0 输出 100Hz 方波(见 TEST 红绿灯，绿灯高电平亮，红灯低电平亮)。

实验内容 2 定时实验，计数器 0 采用工作方式 2，计数器 1 采用工作方式 3，OUT_0 输出连接 CLK_1，OUT_1 输出 1Hz 方波(见 TEST 红绿灯，绿灯高电平亮，红灯低电平亮)。

五、实验参考例程

参考例程 1：

```
; .ASM
CNT0      EQU  8000H           ;计数器 0 地址
CONTRL    EQU  8003H           ;控制端口地址
CTL0      EQU  00110110B       ;计数器 0 控制字
ASTACK    SEGMENT STACK  'STACK'
      DW  100 DUP(?)
ASTACK    ENDS
CODE  SEGMENT
   ASSUME      CS:CODE,SS:ASTACK
START:    MOV  DX,CONTRL
          MOV  AL,CTL0
          OUT  DX,AL
          MOV  DX,CNT0
          MOV  AX,10000
          OUT  DX,AL
          MOV  AL,AH
          OUT  DX,AL
          JMP  $
          MOV  AH,4CH
          INT  21H
CODE      ENDS
          END  START
```

```
//C 参考程序
//8253 计数器 0,方式 3,时间常数 10000,BCD 码计数
extern void outportb(unsigned int, char);          //写 I/O
e
#define MODE0     0x37
```

```
#define IO8253_0     0x8000
#define IO8253_1     0x8001
#define IO8253_2     0x8002
#define IO8253_CTRL  0x8003

void main()
{   outportb(IO8253_CTRL,MODE0);                //8253计数器0初始化
    outportb(IO8253_0, 0);                      //BCD码
    outportb(IO8253_0, 0);
    while(1){;}
}
```

参考例程 2:

```
;ASM
CNT0    EQU  8000H        ;计数器0地址
CNT1    EQU  8001H        ;计数器1地址
CONTRL  EQU  8003H        ;控制端口地址
CTL0    EQU  00110100B    ;计数器0控制字
CTL1    EQU  01110110B    ;计数器1控制字
ASTACK  SEGMENT  STACK  'STACK'
      DW  100 DUP(?)
ASTACK  ENDS
CODE  SEGMENT
   ASSUME  CS:CODE, SS:ASTACK
START:  MOV  DX,CONTRL    ;计数器0初始化
        MOV  AL,CTL0
        OUT  DX,AL
        MOV  DX,CNT0
        MOV  AX,10000
        OUT  DX,AL
        MOV  AL,AH
        OUT  DX,AL
        MOV  DX,CONTRL    ;计数器1初始化
        MOV  AL,CTL1
        OUT  DX,AL
        MOV  DX,CNT1
        MOV  AX,100
        OUT  DX,AL
        MOV  AL,AH
        OUT  DX,AL
        JMP  $
        MOV AH,4CH
        INT 21H
CODE  ENDS
   END  START

//C参考程序
//8253计数器0,方式2,时间常数1000,BCD码计数
//8253计数器1,方式3,时间常数1000,BCD码计数
```

```
extern void outportb(unsigned int, char);          //写 I/O
#define MODE0 0x35                                 //计数器 0 的控制字 00110101b
#define MODE1 0x77                                 //计数器 1 的控制字 01110111b
#define IO8253_0     0x8000
#define IO8253_1     0x8001
#define IO8253_2     0x8002
#define IO8253_CTRL  0x8003
void main()
{   outportb(IO8253_CTRL,MODE0);                   //8253 计数器 0 初始化
    outportb(IO8253_0, 0);                         //8253 计数器 0 BCD 码计数
    outportb(IO8253_0, 0x10);
    outportb(IO8253_CTRL,MODE1);                   //8253 计数器 1 初始化
    outportb(IO8253_1, 0);                         //8253 计数器 1 BCD 码计数
    outportb(IO8253_1, 0x10);
    while(1){;}
}
```

实验 5　8253 计数器实验

一、实验目的

学习 8253 的计数方法。

二、实验内容

利用 8088/86 外接 8253 可编程定时器/计数器,实现对外部事件进行计数。设置断点读回计数器的值。

三、实验电路图及接线

本实验电路图如图 7-12 所示,实验接线如表 7-6 所示。

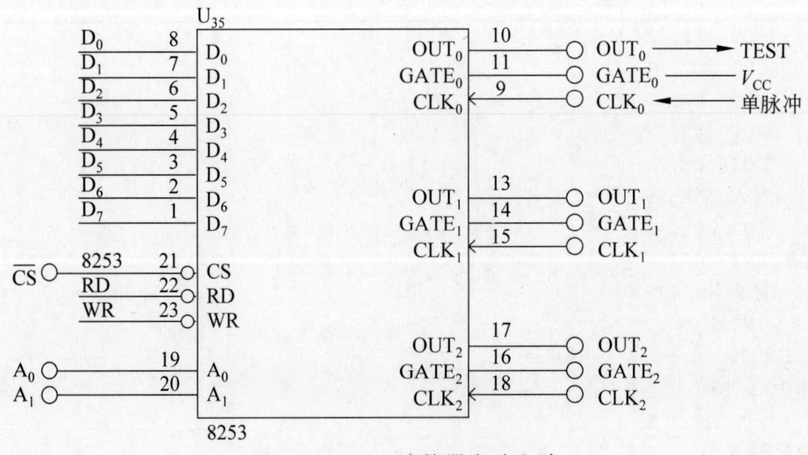

图 7-12　8253 计数器实验电路

表 7-6　8253 计数器接线表

1	C5 区：CS、A_0、A_1	A3 区：CS_8、A_0、A_1
2	C5 区：CLK_0	B2 区：单脉冲
3	C5 区：OUT_0	B2 区：TEST(逻辑笔)
4	C5 区：$GATE_0$	C1 区：V_{CC}(5V)

四、实验说明

计数器按方式 0 工作，计数初值为 5。当计数器收到第一个脉冲时，计数初值 5 装入计数器 0 并开始计数，之后，计数器每收到 1 个脉冲，计数器减 1，当减到 0 时，OUT 端输出一个高电平，LED 灯亮，计数过程结束。如果要重复计数，需要重新写入计数初值。计数过程中如果要读出计数值，需要先锁存计数值。

五、实验程序参考例程

参考例程：

```
CNT0        EQU  8000H            ;计数器 0 地址
CONTRL      EQU  8003H            ;控制端口地址
ASTACK  SEGMENT  STACK  'STACK'
      DW  100 DUP(?)
ASTACK  ENDS
CODE  SEGMENT
    ASSUME  CS:CODE, SS:ASTACK
START: MOV  DX, CONTRL
       MOV  AL, 00110000B         ;计数器 0 初始化控制字
       OUT  DX,AL
       MOV  DX, CNT0
       MOV  AX,5                  ;初值为 5
       OUT  DX,AL
       MOV  AL,AH
       OUT  DX,AL                 ;初始化完成,开始计数
       MOV  AH,4CH                ;程序执行结束,8253 仍然工作
       INT  21H
CODE   ENDS
  END  START

;读回计数值。请注意第一个脉冲到来之后,初值进入计数器,计数过程才真正开始
;读出计数值需要在第一个脉冲到来之后
CNT0   EQU  8000H                 ;计数器 0 地址
CONTRL EQU  8003H                 ;控制端口地址
ASTACK  SEGMENT  STACK  'STACK'
       DW  100 DUP(?)
ASTACK  ENDS
CODE  SEGMENT
    ASSUME  CS:CODE, SS:ASTACK
```

```
START:
        MOV  DX, CONTRL
        MOV  AL, 00000000B
        OUT  DX, AL              ;写入读出控制字
        MOV  DX,CNT0
        IN   AL,DX               ;读低 8 位
        MOV  BL,AL
        IN   AL,DX               ;读高 8 位
        MOV  AH,AL
        MOV  AL,BL               ;计数瞬时值在 AX 中
        JMP  START
CODE  ENDS
     END  START
```

实验 6　8251A 可编程通信实验

一、实验目的

(1) 了解 8251A 的内部结构和工作原理。

(2) 了解 8251A 与 8088 的接口逻辑。

(3) 掌握对 8251A 的初始化编程方法,学会使用 8251A 实现设备之间的串行通信。

二、实验内容

编写程序,实现 8251A 与 PC 的串行通信,使用 8253 作为分频器提供 8251A 的收发时钟。

三、实验电路图及接线

本实验电路图如图 7-13 所示。接线如表 7-7 所示,从 PC 接收一批数据,接收完毕,再将它们回送给 PC。

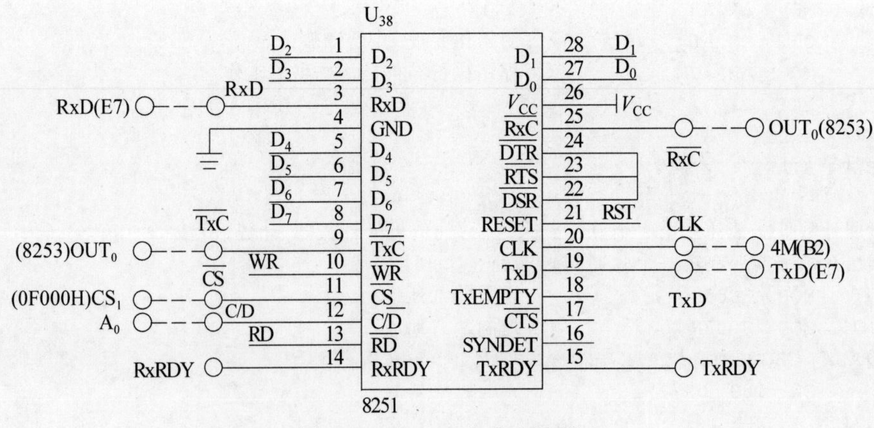

图 7-13　8251A 实验电路图

表 7-7　8251A 接线表

1	C5 区：CS(8253)、A_0、A_1	A3 区：CS_5、A_0、A_1
2	C5 区：CLK_0	B2 区：2M
3	C5 区：$GATE_0$	C1 区的 V_{CC}
4	C5 区：OUT_0	C5 区：RxC、TxC
5	C5 区：CS(8251)、C/D	A3 区：CS_1、A_0
6	C5 区：CLK	B2 区：4M
7	C5 区：RxD、TxD	E7 区：RxD、TxD

四、实验说明

运行"串口助手(ComPort. EXE)"，设置串口波特率为 4800bps，8 个数据位，1 个停止位，偶校验，如图 7-14 所示。打开串口，选择"HEX 发送""HEX 显示"，向 8251A 发送 10B 数据(输入数据之间用空格分隔)，观察是否能接收到 10B 数据，接收到的数据是否与发送数据一致。

改变传输数据的数目，重复实验，观察结果。

图 7-14　设置串口窗口

五、实验程序参考例程

参考例程：

1. ASM 源程序

```
;使用 8253 的计数器 0,外接 2MHz,经 26 分频后,送给 8251,产生 4800bps 波特率
```

```
CTL_ADDR    EQU  0FF01H                  ;控制字或状态字
DATA_ADDR   EQU  0FF00H                  ;读写数据
W_8253_T0   EQU  0BF00H                  ;计数器 0 地址
W_8253_C    EQU  0BF03H                  ;控制字
_STACK      SEGMENT  STACK  'STACK'
            DW  100 DUP(?)
_STACK      ENDS

_DATA       SEGMENT    'DATA'
Receive_Buffer  DB  10 DUP(0)             ;接收缓冲器
Send_Buffer     EQU Receive_Buffer        ;发送缓冲器
_DATA           ENDS

CODE    SEGMENT
    ASSUME  CS:CODE, DS:_DATA, SS:_STACK
START:  MOV  AX,_DATA
        MOV  DS,AX
        MOV  ES,AX
;8253 初始化
        MOV  DX,W_8253_C
        MOV  AL,37H                       ;定时器 0,方式 3
        OUT  DX,AL
        MOV  DX,W_8253_T0
        MOV  AL,26H                       ;BCD 码 26(2000000/26)=16*4800
        OUT  DX,AL
        MOV  AL,0
        OUT  DX,AL
;8251 复位
        MOV  DX,CTL_ADDR
        MOV  AL,0
        OUT  DX,AL                        ;向控制口写入"0"
        CALL DLTIME                       ;延时,等待写操作完成
        OUT  DX,AL                        ;向控制口写入"0"
        CALL DLTIME                       ;延时
        OUT  DX,AL                        ;向控制口写入"0"
        CALL DLTIME                       ;延时
        MOV  AL,40H                       ;向控制口写入复位字 40H
        OUT  DX,AL
        CALL DLTIME
;8251 初始化
        MOV  DX,CTL_ADDR
        MOV  AL,7EH                       ;波特率系数为 16,8 个数据位
        OUT  DX,AL                        ;1 个停止位,偶校验
        CALL DLTIME                       ;延时
```

```
        MOV  AL,15H                     ;允许接收和发送数据,清错误标志
        OUT  DX,AL
        CALL DLTIME
;接收和发送数据
START1: MOV  CX,10
        CALL Receive_Group
        MOV  CX,10
        CALL Send_Group
        JMP  START1

;接收一组数据,CX--接收数目
Receive_Group  PROC  NEAR
        LEA  DI,Receive_Buffer
Y1:     MOV   DX,CTL_ADDR
        IN   AL,DX                      ;读入状态
        TEST AL,2
        JZ   Y1                         ;是否有数据
        MOV  DX,DATA_ADDR               ;有
        IN   AL,DX
        MOV  [DI],AL
        INC  DI
        LOOP Y1
        RET
Receive_Group  ENDP

;发送一组数据,CX--发送数目
Send_Group  PROC  NEAR
        LEA  SI,Send_Buffer
X1:     MOV  DX,CTL_ADDR                ;读入状态
        IN   AL,DX
        TEST AL,1
        JZ   X1                         ;是否允许数据发送
        MOV  AL,[SI]                    ;发送
        INC  SI
        MOV  DX,DATA_ADDR
        OUT  DX,AL
        LOOP X1
Send_Group ENDP

;延时
DLTIME  PROC NEAR
        PUSH CX
        MOV  CX,10
        LOOP $
```

```
        POP CX
        RET
DLTIME  ENDP
CODE  ENDS
        END    START
```

2. C 源程序

```
extern void outportb(unsigned int, char);      //写 I/O
extern char inportb(unsigned int);             //读 I/O

#define u8 unsigned char
#define u16 unsigned int

#define CTL_ADDR  0xFF01                       //8251 控制字或状态字
#define DATA_ADDR  0xFF00                      //读写数据
#define W_8253_T0  0xBF00                      //计数器 0 地址
#define W_8253_C  0xBF03                       //控制字

void init_8253()
{
    outportb(W_8253_C,0x37);                   //定时器 0,方式 3
    outportb(W_8253_T0,0x26);                  //BCD 码 26(2000000/26)=16*4800
    outportb(W_8253_T0,0x00);
}

//延时
void dltime()
{
    u16 i=10;
    while(--i)
    {;}
}

void Reset_8251()
{
    outportb(CTL_ADDR,0);                      //向控制口写入"0"
    dltime();                                  //延时,等待写操作完成
    outportb(CTL_ADDR,0);                      //向控制口写入"0"
    dltime();                                  //延时
    outportb(CTL_ADDR,0);                      //向控制口写入"0"
    dltime();                                  //延时
    outportb(CTL_ADDR,0x40);                   //向控制口写入复位字 40H
    dltime();                                  //延时
}
```

```
void init_8251()
{
    Reset_8251();                              //8251 复位
    outportb(CTL_ADDR,0x7e);                   //波特率系数为 16,8 个数据位,1 个停
    dltime();                                  //止位,偶校验延时
    outportb(CTL_ADDR,0x15);                   //允许接收和发送数据,清除错误标志
    dltime();                                  //延时
}

//接收 1B
u8 Receive_Byte()
{
    while((inportb(CTL_ADDR) & 2) ==0)         //读入状态
    {;}                                        //是否有数据
    return inportb(DATA_ADDR);
}

//接收一组数据,count--接收数目
void Receive_Group(u8 * pBuffer, int count)
{
    while(count--)
        * pBuffer++=Receive_Byte();
}

//发送 1B
void Sendbyte(u8 sdata)
{
    u8 i;
    while((inportb(CTL_ADDR) & 1) ==0)         //读入状态
    {;}                                        //是否允许数据发送
    outportb(DATA_ADDR,sdata);
}

//发送一组数据, count--发送数目
void Send_Group(u8 * pBuffer, int count)
{
    while(count--)
    {
        SendByte( * pBuffer++);
    }
}

void main()
```

```
{
    u8 array[10];
    init_8253();                                    //初始化 8253
    init_8251();                                    //初始化 8251
    while(1)
    {
        Receive_Group(array, 10);                   //接收 10B 数据
        Send_Group(array, 10);                      //发送 10B 数据
    }
}
```

六、实验扩展及思考

如何修改程序实现 8251 的自发自收功能？

实验 7　电子钟(CLOCK)实验

一、实验目的

进一步熟悉 8253、8259、8279。

二、实验内容

1. 使用 8253 定时功能，产生 0.5s 的定时中断给 8259。
2. 在 G_5 区的数码管上显示时间。
3. 允许设置时钟初值。

三、实验接线

本实验接线如表 7-8 所示。

表 7-8　电子钟接线表

1	E5 区 ：CLK	B2 区：2M
2	E5 区 ：CS、A_0	A3 区：CS_5、A_0
3	E5 区 ：A、B、C、D	G5 区：A、B、C、D
4	B3 区 ：CS、A_0	A3 区：CS_1、A_0
5	B3 区：INT、INTA	EMU598＋：INTR、INTA
6	B3 区：IR_0	C5 区 ：OUT_0
7	C5 区 ：CS(8253)、A_0、A_1	A3 区：CS_2、A_0、A_1
8	C5 区 ：$GATE_0$	C1 区：V_{CC}
9	C5 区 ：CLK_0	B2 区：62.5K

四、实验说明

1. 运行程序，按 G5 区的 F 键，设置时钟初值。
2. 观察 G5 区数码管上显示的时间是否正确。

五、实验程序参考例程

参考例程：

```
EXTRN  Display8:NEAR, GetKeyA:NEAR, GetKeyB:NEAR
IO8259_0  EQU  0F000H
IO8259_1  EQU  0F001H
Con_8253  EQU  0E003H
T0_8253   EQU  0E000H
ESTACK     SEGMENT  STACK  'STACK'
    DW 100  DUP(?)
ESTACK     ENDS
DATA     SE MENT
halfsec DB  0                          ;0.5s 计数
Sec     DB  0                          ;秒
Min     DB  0                          ;分
hour    DB  0                          ;时
buffer  DB  8 DUP(0)                   ;显示缓冲区,8B
buffer1 DB  8 DUP(0)                   ;显示缓冲区,8B
bNeedDisplay  DB  0                    ;需要刷新显示
number  DB  0                          ;设置哪一位时间
bFlash  DB  0                          ;设置时是否需要刷新
DATA     ENDS
CODE     SEGMENT
ASSUME  CS:CODE,DS:DATA,ES:ESTACK
START:  MOV     AX,DATA
        MOV     DS,AX
        MOV     ES,AX
        NOP
        MOV     Sec,0                  ;时分秒赋初值 23:58:00
        MOV     Min,58
        MOV     hour,23
        MOV     bNeedDisplay,1         ;显示初始值
        CALL    Init8253
        CALL    Init8259
        CALL    WriIntver
        STI
MAIN:   CALL    GetKeyA                ;按键扫描
        JNB     Main1
        CMP     AL,0FH                 ;设置时间
        JNZ     Main1
        CALL    SetTime
```

```
Main1:  CMP    bNeedDisplay,0
        JZ     MAIN
        CALL   Display_LED                  ;显示时分秒
        MOV    bNeedDisplay,0               ;1s 定时到刷新转速
Main2:  JMP    MAIN                         ;循环进行实验内容介绍与测速功能测试
SetTime PROC   NEAR
        LEA    SI,buffer1
        CALL   TimeToBuffer
        MOV    Number,0
Key:    CMP    bFlash,0
        JZ     Key2
        LEA    SI,buffer1
        LEA    DI,buffer
        MOV    CX,8
        REP    MOVSB
        CMP    halfsec,0
        JNZ    FLASH
        MOV    BL,number
        NOT    BL
        AND    BX,07H
        LEA    SI,buffer
        MOV    BYTE PTR [SI+BX],10H         ;当前设置位置产生闪烁效果
FLASH:  LEA    SI,buffer
        CALL   Display8
        MOV    bFlash,0
Key2:   CALL   GetKeyA
        JNB    Key
        CMP    AL,0EH                       ;放弃设置
        JNZ    Key1
        JMP    Exit
Key1:   CMP    AL,0FH
        JZ     SetTime8
SetTime1: CMP  AL,10
        JNB    Key                          ;无效按键
        CMP    number,0
        JNZ    SetTime2
        CMP    AL,3                         ;调整时的十位数
        JNB    Key
        MOV    buffer1+7,AL
        JMP    SetTime7
SetTime2: CMP  number,1
        JNZ    SetTime3
        CMP    buffer1+7,1                  ;调整时的个位数
        JZ     SetTime2_1
        CMP    AL,4
        JNB    Key
SetTime2_1: MOV  buffer1+6,AL
```

```
        INC     number
        JMP     SetTime7
SetTime3: CMP   number,3
        JNZ     SetTime4
        CMP     AL,6                          ;调整分的十位数
        JNB     Key
        MOV     buffer1+4,AL
        JMP     SetTime7
SetTime4: CMP   number,4
        JNZ     SetTime5
        MOV     buffer1+3,AL                  ;调整分的个位数
        INC     number
        JMP     SetTime7
SetTime5: CMP   number,6
        JNZ     SetTime6
        CMP     AL,6                          ;调整秒的十位数
        JB      SetTime5_1
        JMP     Key
SetTime5_1: MOV  buffer1+1,AL
        JMP     SetTime7
SetTime6: MOV   buffer1,AL                    ;调整秒的个位数
SetTime7: INC   number
        CMP     number,8
        JNB     SetTime8
        MOV     bFlash,1                      ;需要刷新
        JMP     Key
SetTime8: MOV   AL,buffer1+1                  ;确认
        MOV     BL,10
        MUL     BL
        ADD     AL,buffer1
        MOV     sec,AL                        ;秒
        MOV     AL,buffer1+4
        MUL     BL
        ADD     AL,buffer1+3
        MOV     min,AL                        ;分
        MOV     AL,buffer1+7
        MUL     BL
        ADD     AL,buffer1+6
        MOV     hour,AL                       ;时
        JMP     Exit
Exit:   RET
SetTime ENDP
;hour min sec 转换成可显示格式
TimeToBuffer  PROC  NEAR
        MOV     AL,sec
        XOR     AH,AH
```

```
        MOV     BL,10
        DIV     BL
        MOV     [SI],AH
        MOV     [SI+1],AL                  ;秒
        MOV     BYTE PTR [SI+2],10H        ;这位不显示
        MOV     AL,min
        XOR     AH,AH
        DIV     BL
        MOV     [SI+3],AH
        MOV     [SI+4],AL                  ;分
        MOV     BYTE PTR [SI+5],10H        ;这位不显示
        MOV     AL,hour
        XOR     AH,AH
        DIV     BL
        MOV     [SI+6],AH
        MOV     [SI+7],AL                  ;时
        RET
TimeToBuffer   ENDP
;显示时分秒
Display_LED  PROC  NEAR
        LEA     SI,buffer
        CALL    TimeToBuffer
        LEA     SI,buffer
        CALL    Display8                   ;显示
        RET
Display_LED    ENDP
;0.5s产生一次中断
Timer0Int: PUSH    AX
        PUSH    DX
        MOV     bFlash,1
        INC     halfsec
        CMP     halfsec,2
        JNZ     Timer0Int1
        MOV     bNeedDisplay,1
        MOV     halfsec,0
        INC     sec
        CMP     sec,60
        JNZ     Timer0Int1
        MOV     sec,0
        INC     min
        CMP     min,60
        JNZ     Timer0Int1
        MOV     min,0
        INC     hour
        CMP     hour,24
        JNZ     Timer0Int1
```

```
        MOV    hour,0
Timer0Int1:  MOV  DX,IO8259_0
        MOV    AL,20H
        OUT    DX,AL
        POP    DX
        POP    AX
        IRET
Init8253  PROC  NEAR
        MOV    DX,Con_8253
        MOV    AL,34H
        OUT    DX,AL                    ;计数器 T0 设置在模式 2 状态,HEX 计数
        MOV    DX,T0_8253
        MOV    AL,12H
        OUT    DX,AL
        MOV    AL,7AH
        OUT    DX,AL                    ;CLK0=62.5kHz,0.5s 定时
        RET
Init8253    ENDP
Init8259  PROC  NEAR
        MOV    DX,IO8259_0
        MOV    AL,13H
        OUT    DX,AL
        MOV    DX,IO8259_1
        MOV    AL,08H
        OUT    DX,AL
        MOV    AL,09H
        OUT    DX,AL
        MOV    AL,0FEH
        OUT    DX,AL
        RET
Init8259    ENDP
WriIntver  PROC  NEAR
        PUSH   ES
        MOV    AX,0
        MOV    ES,AX
        MOV    DI,20H
        LEA      AX,Timer0Int
        STOSW
        MOV    AX,CS
        STOSW
        POP    ES
        RET
WriIntver    ENDP
CODE  ENDS
  END  START
```

第8章

数/模转换及模/数转换技术

8.1 知识要点

1. 数/模(D/A)转换器

D/A 转换是把数字量信号转换为相应的模拟量信号的过程，数字量由二进制位组成，每个二进制位的权为 2^i，只要将这些位按权大小转换成相应的模拟量，然后根据叠加原理将对应的模拟量相加，总和就是与数字量呈正比的模拟量。

分辨率：指输入数字量的最低有效位(LSB)发生变化时，所对应的输出模拟量(常为电压)的变化量，分辨率＝FS/($2n-1$)。

其中，FS 表示满量程输入值，n 为二进制位数。显然位数越多，分辨率越高。

转换精度：D/A 转换器的精度可分为绝对精度和相对精度，表明 D/A 转换的精确程度，一般用误差大小表示。

转换时间：指输入数字量变化时，输出电压变化到相应稳定电压值所需的时间。

线性误差：模拟量实际值与理想值之间的最大差值，转换为数字量的最低有效位。

2. 典型 D/A 转换芯片 DAC0832 及其接口电路

DAC0832 转换器采用 R-2R T 型电阻网络，输出为差动电流信号，改变参考电压 V_{REF} 的极性，可以相应地改变输出电流的流向，从而控制输出电压的极性。另外，要想得到模拟电压输出，必须外接运算放大器。

DAC0832 由 8 位输入寄存器、8 位 DAC 寄存器和 8 位 D/A 转换电路组成。输入寄存器和 DAC 寄存器作为双缓冲，当 CPU 数据线直接连接到 DAC0832 的输入端时，数据在输入端保持的时间仅仅是在 CPU 执行输出指令的瞬间，输入寄存器可用于保存此瞬间出现的数据。LE(LE_1、LE_2)是寄存器锁存控制，当 LE＝1 时，寄存器的输出随输入变化；当 LE＝0 时，数据锁存在寄存器中，输出不随输入变化。

在使用 DAC0832 时，可以采用直通方式、单缓冲方式或双缓冲方式。因此，DAC0832 使用起来非常方便。

3. 模/数(A/D)转换器

A/D 转换器是将连续变化的模拟信号转换为数字信号，以便于计算机进行处理。A/D 转换的方法较多，有计数式、逐次逼近式、双积分式以及并行/串行比较式等。

A/D 转换包括了采样保持和量化编码过程。

转换器分辨力又称分辨率，是指当引起输出二进制数字量最低有效位变动一个数码时，输入模拟量的最小变化量。如 A/D 转换器的二进制位数为 n，输入电压满量程为 FS，则：

$$分辨率 = FS/(2n - 1)$$

转换精度是指 A/D 转换器输出的数字量所对应的实际输入电压值与理论上产生该数字量的应有输入电压之差，它反映了实际 A/D 转换器与理想 A/D 转换器的差别，常用误差表示。产生误差的因素有很多，主要是量化误差和器件误差。

由于具有某种分辨率的转换器在量化过程中采用了四舍五入的方法，因此最大量化误差应为分辨率数值的 1/2。可见，A/D 转换器数字转换的精度由最大量化误差决定。实际上，许多转换器末位数字并不可靠，实际精度还要更低一些。

转换时间是指完成一次转换所用的时间，转换时间的倒数称为转换速率，转换时间越长，转换速率就越低。转换速率与转换原理及位数有关。

4. 典型 A/D 转换芯片

A/D 转换器的产品种类很多，以 8 位的 A/D 转换器产品 ADC0809 为例，介绍 A/D 转换器与微型计算机系统的连接及应用。

ADC0809 由美国 NS 公司生产，是采用 CMOS 工艺制造的逐次逼近式、8 通道输入单片A/D 转换器，可直接与系统连接。

ADC0809 的内部结构由三部分构成：模拟量输入及选择部分、转换器部分、输出部分。

8.2 习题解答

1. D/A 转换器的绝对误差是什么？

解：绝对误差是指实际的输出值与理论值之间的差距。

2. 如果一个 8 位 D/A 转换器的满量程(对应于数字量 255)为 10V，分别确定模拟量为 2.0V 和 8.0V 所对应的数字量是多少。

解：

(1) 2.0V 对应的数字量为 255(2.0V/10V)＝51。

(2) 8.0V 对应的数字量为 255(8.0V/10V)＝204。

3. 一个 12 位 D/A 转换器，输出满量程电压为 5V，那么其分辨率是多少？

解：分辨率＝FS/(2n－1)＝5V/(212－1)＝5/4095＝1.22mV。

4. DAC0832 D/A 转换器分为哪几部分？可以工作在哪几种工作模式下？

解：DAC0832 D/A 转换器分为 8 位输入寄存器、8 位 DAC 寄存器和 8 位 D/A 转换三部分，可以在直通工作方式、单缓冲工作方式、双缓冲工作方式三种工作模式下工作。

5. 设 A/D 转换器分别为 8 位、10 位、12 位，满量程输入电压为 5V，那么它们的分辨率分别是多少？最大量化误差分别是多少？

解：

8 位 A/D 转换器分辨率＝FS/(2n－1)＝5V/(28－1)＝5/255＝19.6mV。

10 位 A/D 转换器分辨率＝FS/(2n－1)＝5V/(210－1)＝5/1023＝4.89mV。

12 位 A/D 转换器分辨率＝FS/(2n－1)＝5V/(212－1)＝5/4095＝1.22mV。

6. 通过 8255A 芯片连接 ADC0809 与 8088 系统，试画出连接图并编写采样程序。

解：如图 8-1 所示，假设 $\overline{Y_0}$ 地址为 80H～83H，$\overline{Y_1}$ 地址为 84H～87H，采样程序片段如下：

```
        MOV     AL,88H          ;8255A 初始化,方式 0
        OUT     83H,AL          ;8255A 的端口 B 输出,端口 C 高 4 位输入
        MOV     AL,00H          ;送 IN0 产生 PB4 的信号
        OUT     81H,AL          ;启动 ADC0809
        ADD     AL,10H
        OUT     81H,AL
        SUB     AL,10H
        OUT     81H,AL
LOOP:   IN      AL,82H          ;检测 EOC
        TEST    AL,80H
        JZ      LOOP            ;EOC=0,继续查询;EOC=1,使 ADC0809 的输出允许 OE 有效
        IN      AL,84H          ;读入数字量
        HLT
```

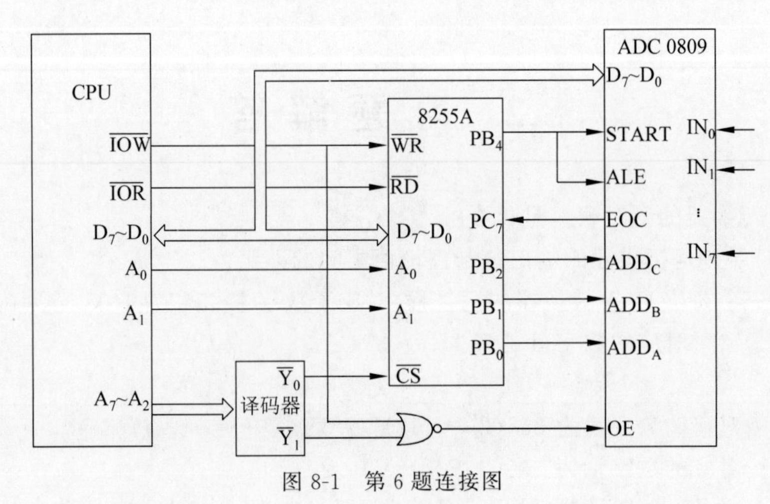

图 8-1　第 6 题连接图

8.3 数/模转换和模/数转换实验

实验1 数/模转换实验

一、实验目的

(1) 了解 D/A 转换的基本原理。

(2) 了解 D/A 转换芯片 DAC0832 的性能及编程方法。

(3) 了解单片机系统中扩展 D/A 转换的基本方法。

二、实验要求

利用 DAC0832,编制程序产生锯齿波、三角波、正弦波。三种波轮流显示,用示波器观看。

三、实验电路图及接线

本实验电路图如图 8-2 所示,接线如表 8-1 所示。

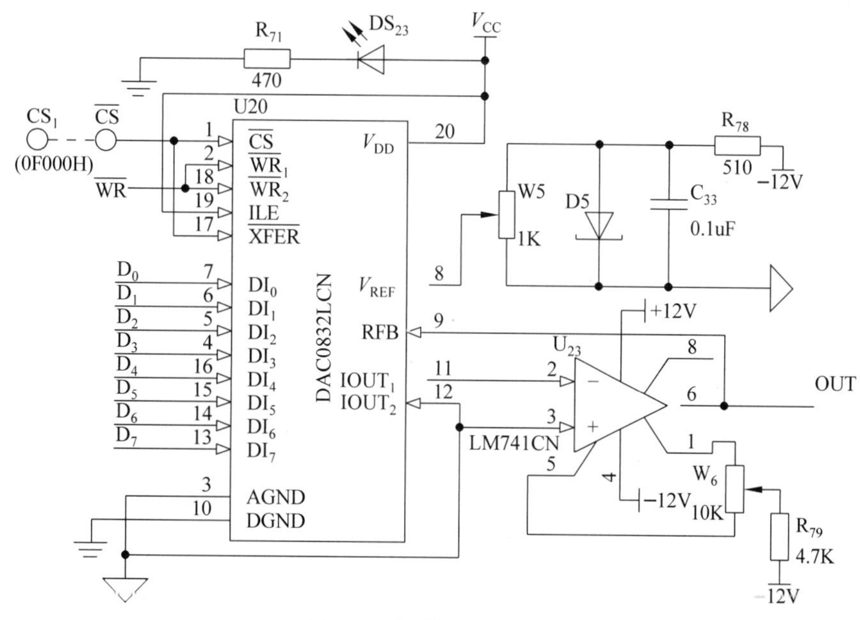

图 8-2 数/模转换电路图

表 8-1 数/模转换接线表

1	F3 区:CS	A3 区:CS_8(8000H)
2	F3 区:OUT	A4 区:CH_1(使用带探头的导线)

运行程序，启动 TDS-2A 软件，打开虚拟示波器，如图 8-3 所示，设置通道，单击“启动/暂停”按钮，可以启动或暂停虚拟示波器功能。观察实验结果（波形），适当调整伏/格与秒/格，可以改变波形的显示比例。

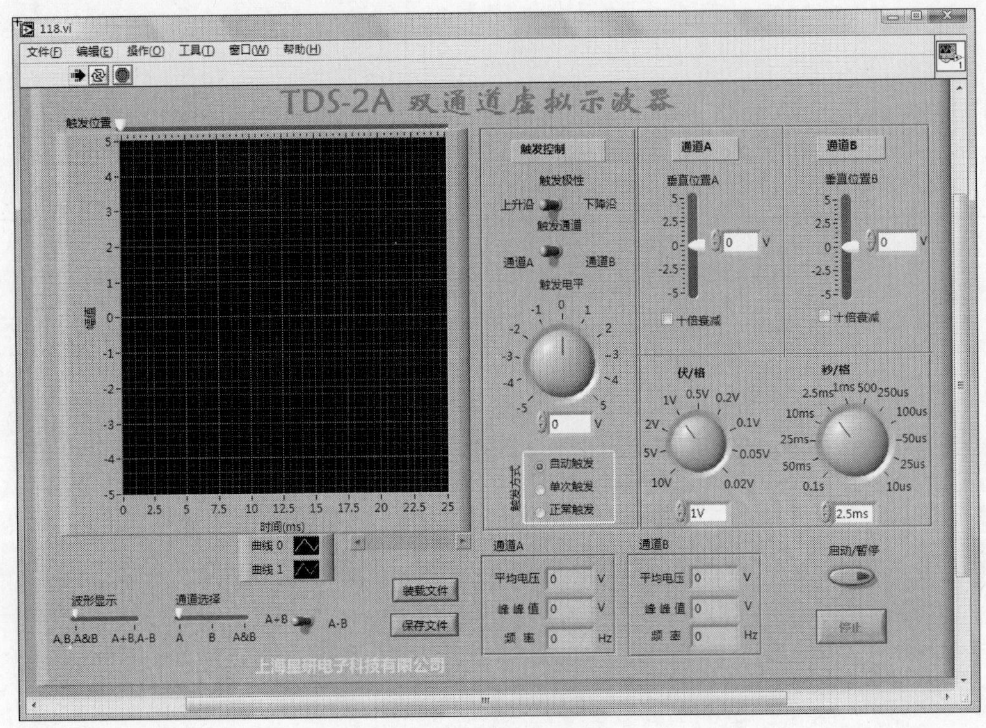

图 8-3　虚拟示波器

四、实验说明

1. D/A 转换把数字量转换成模拟量，实验台上 D/A 电路输出的是模拟电压信号。要实现实验要求，比较简单的方法是设置三个波形数据缓冲区，通过查表实现波形显示。

2. 要产生正弦波，较简单的方法是生成一张正弦数字量表，将查函数表得到的值转换成十六进制数填表。

D/A 转换取值范围为一个周期，采样点越多，精度越高。本例采用的采样点为 256 点/周期。

3. 8 位 D/A 转换器的输入数据与输出电压的关系为

$$V(0\sim-5\mathrm{V})=U^{\mathrm{REF}}/256\times N$$

$$V(-5\mathrm{V}\sim+5\mathrm{V})=2\times U^{\mathrm{REF}}/256\times N-5\mathrm{V}$$

这里 U^{REF} 为+5V。

五、实验参考例程

参考例程：

1. 锯齿波程序

```
ASTACK  SEGMENT  STACK  'STACK'
      DW 100 DUP(?)
ASTACK   ENDS
CODE   SEGMENT
  ASSUME  CS:CODE,  SS:ASTACK
START:   MOV  DX, 8000H
         MOV  AL, 0
NEXT1:   OUT  DX, AL
         INC  AL
         CALL DELAY
         JMP  NEXT1
DELAY    PROC NEAR
         PUSH CX
         MOV  CX,0FH                  ;延时,适当调节 CX 值
         LOOP $
         POP  CX
         RET
DELAY    ENDP
CODE     ENDS
      END  START
```

2. 三角波程序

```
ASTACK  SEGMENT STACK   'STACK'
      DW 100 DUP(?)
ASTACK  ENDS
CODE  SEGMENT
    ASSUME  CS:CODE,SS:ASTACK
START:  MOV  DX,  8000H
NEXT0:  MOV  CX,  0FFH
        MOV  AL, 0
NEXT1:  OUT  DX, AL
        INC  AL
        CALL DELAY
        LOOP NEXT1
        MOV  CX, 0FFH
NEXT2:  DEC  AL
        OUT  DX, AL
        CALL DELAY
        LOOP NEXT2
        JMP  NEXT0
DELAY   PROC NEAR
```

```
        PUSH CX
        MOV  CX,0FH              ;延时,适当调节 CX 值
        LOOP $
        POP  CX
        RET
DELAY   ENDP
CODE    ENDS
  END  START
```

3. 方波程序

```
ASTACK  SEGMENT STACK  'STACK'
      DW 100 DUP(?)
ASTACK  ENDS
CODE  SEGMENT
  ASSUME  CS:CODE,SS:ASTACK
START:  MOV  DX,8000H
NEXT:   MOV  AL,0FFH
        OUT  DX,AL
        CALL DELAY
        MOV  AL,0H
        OUT  DX,AL
        CALL DELAY
        JMP  NEXT

DELAY   PROC NEAR
        PUSH CX
        MOV  CX,0FFH             ;延时,适当调节 CX 值
        LOOP $
        POP  CX
        RET
DELAY  ENDP
CODE    ENDS
        END  START
```

实验 2　模/数转换实验

一、实验目的

(1) 掌握 A/D 转换器与单片机的接口方法。

(2) 了解 A/D 转换芯片 ADC0809 的性能及编程方法。

(3) 了解单片机系统如何进行数据采集。

二、实验要求

利用 ADC0809 作为 A/D 转换器,通过电位器提供模拟量输入,编写程序,将模拟量转换成二进制数字量,用 8255 的 PA 端口输出到发光管显示。

三、实验电路图及接线

本实验电路图如图 8-4 所示，接线表 8-2 所示。

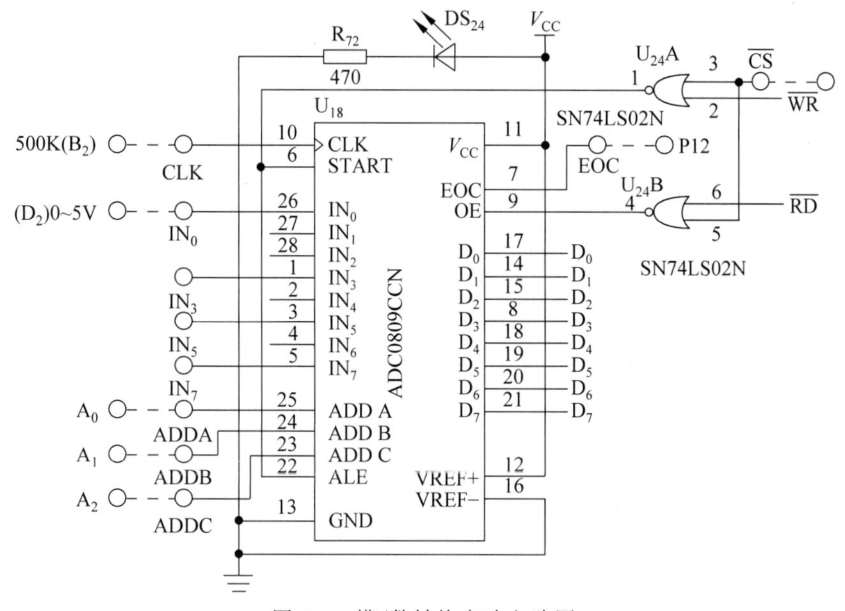

图 8-4　模/数转换实验电路图

表 8-2　模/数转换接线表

1	G4 区：CS、ADDA、ADDB、ADDC	A3 区：CS8、A_0、A_1、A_2(选择通道)
2	G4 区：CLK	B2 区：500K
3	G4 区：IN_0	D2 区：0～5V(可调电压)
4	B4 区：CS、A_0、A_1	A3 区：CS_7、A_0、A_1
5	B4 区 JP_{56}(PA_0～PA_7)	G6 区：发光管(1～8,注意数据线顺序方向)
6	D2 区：0～5V(可调电压)	A4 区：CH_1(使用带探头的导线)

四、实验说明

运行程序，启动 TDS-2A 软件，打开虚拟示波器，调节电位器，电压数字量会随之改变(两种观看方法，在虚拟示波器中观看电压值或利用发光管显示)。注意：实验仪上发光管低电平(逻辑 0)亮，高电平(逻辑 1)灭。

五、实验参考例程

参考例程：

```
ASTACK   SEGMENT STACK   'STACK'
         DW 100 DUP(?)
```

```
ASTACK  ENDS
CODE  SEGMENT
  ASSUME  CS:CODE,SS:ASTACK
START:  MOV  AL, 10000000B                ;8255控制字
        MOV  DX, 9003H
        OUT  DX, AL                       ;8255初始化
AGAIN:  MOV  AL, 0                        ;启动ADC0809,并选通IN0模拟通道
        MOV  DX, 8000H
        OUT  DX, AL
        CALL DELAY
        IN   AL, DX                       ;读ADC0809转换数据(数字量)
        MOV  DX, 9000H
        OUT  DX, AL                       ;输出到8255 PA端口
        JMP  AGAIN
DELAY   PROC NEAR
        PUSH CX
        MOV  CX,200H                      ;延时,适当调节CX值
        LOOP $
        POP  CX
        RET
DELAY   ENDP
CODE    ENDS
  END  START
```

实验3　直流电动机测速实验

一、实验目的

(1) 了解直流电机工作原理。

(2) 了解光电开关的原理。

(3) 掌握使用光电开关测量直流电机转速。

二、实验内容

1. 本实验利用反射式光电开关,通过计数转盘通断光电开关产生的脉冲,计算出转速。

(1) 反射式光电开关工作原理:光电开关发射光照射到测量物体上,如果是强反射,如图8-5所示,光电开关接收到反射回来的光,产生高电平1;如果是弱反射,如图8-6所示,光电开关接收不到反射回来的光,产生弱电平0。

(2) 实验方法:本实验转速测量用的转盘在下表面做成如图8-7所示的转盘,白色部分为强反射区,黑色部分为弱反射区,转盘每转一圈,产生4个脉冲,每1/4s计数出脉冲数,即得到每秒的转速(演示程序中,LED显示的是每秒钟转速)。

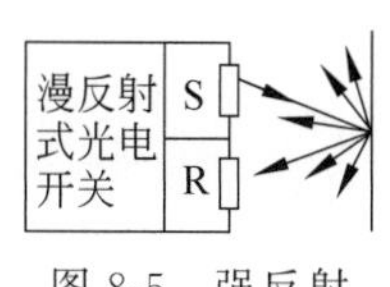

图 8-5　强反射

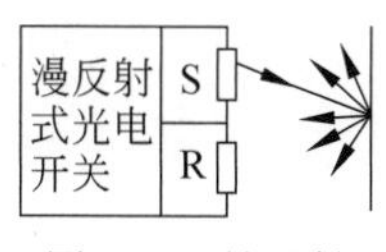

图 8-6　弱反射

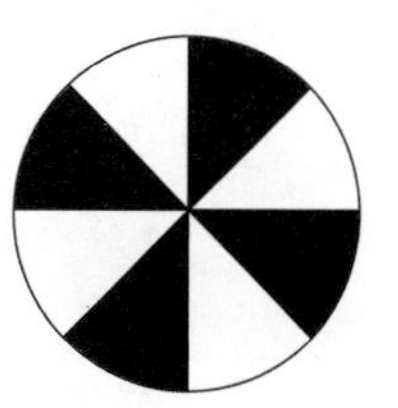

图 8-7　转盘

2. 实验过程

(1) 由 DAC0832 给电机供电，使用光电开关，测量电机转速，再经调整，最终将转速显示在 LED 上。

(2) 通过按键调节电机转速，随之变化的转速动态显示在 LED 上。

三、实验电路图及接线

本实验电路如图 8-8 所示，接线如 8-3 所示。

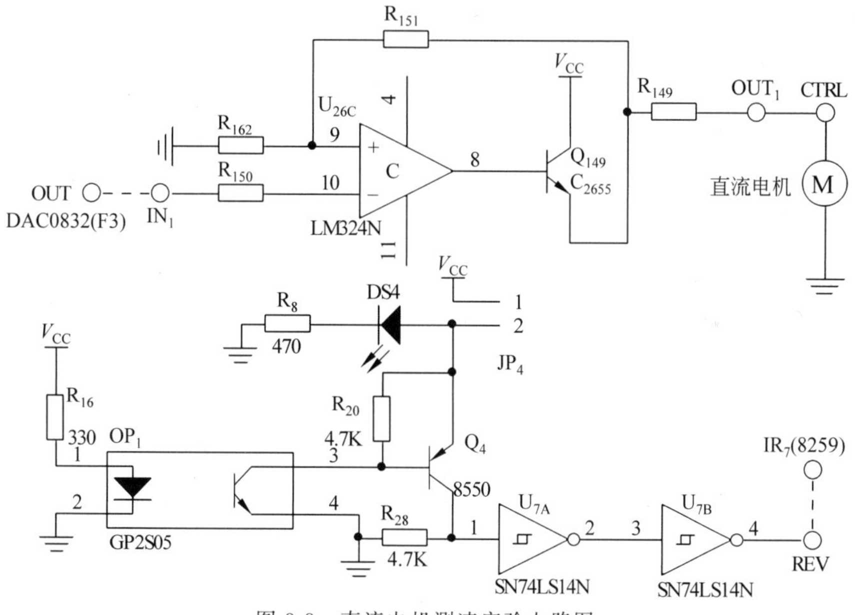

图 8-8　直流电机测速实验电路图

表 8-3　直流电机测速接线表

1	B3 区：CS、A_0	A3 区：CS_1、A_0
2	B3 区：INT、INTA	EMU598＋：INTR、INTA
3	C5 区：CS、A_0、A_1	A3 区：CS_2、A_0、A_1
4	C5 区：$GATE_0$、$GATE_1$	C1 区：V_{CC}
5	C5 区：CLK_0	B2 区：31250Hz

续表

6	C5 区：CLK_1	B2 区：1M
7	C5 区：OUT_0	B3 区：IR_0
8	F3 区：CS	A3 区：CS_3
9	F3 区：OUT	E2 区：IN_1
10	E2 区：OUT_1	F1 区：CTRL
11	F1 区：REV	B3 区：IR_7
12	E5 区：CLK	B2 区：2M
13	E5 区：CS、A_0	A3 区：CS_5、A_0
14	E5 区：A、B、C、D	G5 区：A、B、C、D

四、实验步骤

1. 由 DAC0832 经功放电路驱动直流电机，计数光电开关通关次数并经过换算得出直流电机的转速，并将转速显示在 LED 上。

2. G5 区的 0、1 号按键控制直流电机转速快慢，(最大转速≈96r/s，5V，误差±1r/s)。

五、实验程序参考例程

参考例程：

```
EXTRN  Display8:NEAR,SCAN_KEY:NEAR,GetKeyA:NEAR
IO8259_0    EQU  0F000H
IO8259_1    EQU  0F001H
Con_8253    EQU  0E003H
T0_8253     EQU  0E000H
T1_8253     EQU  0E001H
DA0832      EQU  0D000H
VoltageOffset  EQU  5              ;0832 调整幅度
ESTACK  SEGMENT  STACK  'STACK'
DW  100  DUP(?)
ESTACK  ENDS
DATA   SEGMENT
buffer        DB     8 DUP(0)      ;显示缓冲区,8 字节
buffer1       DB     8 DUP(0)      ;显示缓冲区,8 字节
VOLTAGE       DB     0             ;转换电压数字量
Count         DW     0             ;一秒转动次数
NowCount      DW     0             ;当前计数值
kpTime        DW     0             ;保存上一次采样时定时器的值
bNeedDisplay  DB     0             ;需要刷新显示
DATA  ENDS
```

```
CODE  SEGMENT
ASSUME  CS:CODE,DS:DATA,ES:ESTACK
  START: MOV  DS,AX
         MOV  ES,AX
         NOP
         MOV  bNeedDisplay,1      ;显示初始值
         MOV  VOLTAGE,99H         ;初始化转换电压输入值,99H-3.0V
         MOV  Count,0             ;一秒转动次数
         MOV   NowCount,0         ;当前计数值
         MOV   kpTime,0           ;保存上一次采样时定时器的值
         CALL  DAC0832            ;初始 D/A
         CALL  Init8253
         CALL  Init8259
         CALL  WriIntver
         STI
MAIN:    CALL  GetKeyA            ;按键扫描
         JNB  Main1
         JNZ  Key1
Key0:    MOV  AL,VoltageOffset ;0 号键按下,转速提高
         ADD  AL,VOLTAGE
         CMP  AL,VOLTAGE
         JNB  Key0_1
         MOV  AL,0FFH             ;最大
Key0_1:  MOV  VOLTAGE,AL
         CALL DAC0832             ;D/A
         JMP  Main2
Key1:    MOV  AL,VOLTAGE          ;1 号键按下,转速降低
         SUB  AL,VoltageOffset
         JNB  Key1_1
         XOR  AL,AL               ;最小
Key1_1:  MOV  VOLTAGE,AL
         CALL DAC0832             ;D/A
         JMP  Main2
Main1:   CMP  bNeedDisplay,0
         JZ   MAIN
         MOV  bNeedDisplay,0      ;1s 定时到刷新转速
Main2:   CALL RateTest            ;计算转速/显示
         JMP  MAIN                ;循环进行实验内容介绍与测速功能测试
;转速测量/显示
RateTest:  MOV  AX,Count
         MOV  BL,10
         DIV  BL
         CMP  AL,0
         JNZ  RateTest1
```

```
        MOV  AL,10H                 ;高位为 0,不需要显示
RateTest1:  MOV  buffer,AH
        MOV  buffer+1,AL
        MOV  AL,VOLTAGE             ;给 0832 送的数据
        AND  AL,0FH
        MOV  buffer+4,AL
        MOV  AL,VOLTAGE
        AND  AL,0F0H
        ROR  AL,4
        MOV  buffer+5,AL
        MOV  buffer+2,10H           ;不显示
        MOV  buffer+3,10H
        MOV  buffer+6,10H
        MOV  buffer+7,10H
        LEA  SI,buffer
        LEA  DI,buffer1
        MOV  CX,8
        REP  MOVSB
        LEA  SI,buffer
        CALL Display8               ;显示转换结果
        RET
Timer0Int:  PUSH  AX
        PUSH DX
        MOV  bNeedDisplay,1
        MOV  AX,NowCount
        SHR  AX,1
        SHR  AX,1
        MOV  Count,AX               ;转一圈产生 4 个脉冲,Count=NowCount/4
        MOV  NowCount,0
        MOV  DX,IO8259_0
        MOV  AL,20H
        OUT  DX,AL
        POP  DX
        POP  AX
        IRET
CountInt:  PUSH  AX
        PUSH DX
        MOV  DX,Con_8253
        MOV  AL,40H
        OUT  DX,AL                  ;锁存
        MOV  DX,T1_8253
        IN   AL,DX
        MOV  AH,AL
        IN   AL,DX
```

```
        XCHG AL,AH                  ;T1 的当前值
        XCHG AX,kpTime
        SUB  AX,kpTime
        CMP  AX,100
        JB   CountInt1              ;前后两次采样时间差小于 100,判断是干扰
        INC  NowCount
CountInt1:  MOV  DX,IO8259_0
        MOV  AL,20H
        OUT  DX,AL
        POP  DX
        POP  AX
        IRET
Init8253  PROC  NEAR
        MOV  DX,Con_8253
        MOV  AL,34H
        OUT  DX,AL                  ;计数器 T0 设置在模式 2 状态,HEX 计数
        MOV  DX,T0_8253
        MOV  AL,12H
        OUT  DX,AL
        MOV  AL,7AH
        OUT  DX,AL                  ;CLK0=31250Hz,1s 定时
        MOV  DX,Con_8253
        MOV  AL,74H
        OUT  DX,AL                  ;计数器 T1 设置在模式 2 状态,HEX 计数
        MOV  DX,T1_8253
        MOV  AL,0FFH
        OUT  DX,AL
        MOV  AL,0FFH
        OUT  DX,AL                  ;作定时器使用
        RET
Init8253 ENDP
Init8259 PROC NEAR
        MOV  DX,IO8259_0
        MOV  AL,13H
        OUT  DX,AL
        MOV  DX,IO8259_1
        MOV  AL,08H
        OUT  DX,AL
        MOV  AL,09H
        OUT  DX,AL
        MOV  AL,7EH
        OUT  DX,AL
        RET
Init8259 ENDP
```

```
WriIntver  PROC  NEAR
        PUSH ES
        MOV  AX,0
        MOV  ES,AX
        MOV  DI,20H
        LEA  AX,Timer0Int
        STOSW
        MOV  AX,CS
        STOSW
        LEA  AX,CountInt
        MOV  DI,3CH
        STOSW
        MOV  AX,CS
        STOSW
        POP  ES
        RET
WriIntver  ENDP
;数/模转换,A-转换数字量
DAC0832  PROC NEAR
        MOV  DX,DA0832
        MOV  AL,VOLTAGE
        OUT  DX,AL
        RET
DAC0832  ENDP
CODE     ENDS
  END    START
```

六、实验扩展及思考题

在日光灯或白炽灯下,将转速调节到25、50、75,观察转盘有什么变化。

第9章

总 线 技 术

9.1 知 识 要 点

1. 总线规范

总线标准主要包括以下几个部分：

(1) 机械结构规范：规定模块尺寸、总线插头、边沿连接器等的规格。

(2) 功能结构规范：引脚名称与功能及其相互作用的协议是总线的核心，通常包括如下内容。

① 数据线、地址线、读/写控制逻辑线、时钟线及电源线、地线等；

② 中断机制；

③ 总线主控仲裁；

④ 应用逻辑，如握手、复位、自启动、休眠等信号线。

(3) 电气规范：规定信号逻辑电平、负载能力及最大额定值、动态转换时间等。

2. 总线的分类及其优点

(1) 按总线的功能分类。

从信息功能上划分，总线分为数据总线(Data Bus)、地址总线(Address Bus)和控制总线(Control Bus)。

(2) 按总线的层次结构分类。

从层次结构上划分，总线分为CPU总线、系统总线和外部总线。

(3) 总线设计的优点。

① 模块结构方式便于系统的扩充和升级；

② 采用模块结构方式可以简化系统设计；

③ 模块化总线设计可以降低成本，同时便于诊断和维修；

④ 按标准设计出的总线产品具有很好的兼容性，产品面向整个行业而非单一的系统。

3. 总线的性能指标和数据传输及仲裁

（1）总线的性能指标。

① 总线的带宽（总线数据传输速率）；

② 总线的位宽；

③ 总线的工作频率。

总线带宽、总线位宽、总线的工作频率之间的关系：总线带宽＝总线的工作频率×（总线位宽/8）。

（2）总线的数据传输过程。

总线上的设备有两种：主设备和从设备。主设备能够发起总线传输，可以通过总线进行数据传送；从设备只能响应总线传输，只能按主设备的要求工作，接收传送来的数据。

（3）总线操作的特点。

任意时刻，总线上只能允许一对设备（主设备和从设备）进行信息交换，当有多个设备要使用总线时，按各设备的优先等级，在总线时间上分时使用。

总线上完成一次数据传输要经历五个阶段：总线请求、总线仲裁、寻址阶段、数据传送和结束阶段。

（4）总线传输需要解决的问题。

① 总线传输同步；

② 总线仲裁控制；

③ 纠错处理；

④ 总线驱动。

（5）总线数据传送。

数据在总线上传送时，为了确保传送的可靠性，传送过程必须由定时信号控制，定时信号使主设备和从设备之间的操作同步，传输正确。总线定时协议有三种类型：同步定时方式、异步定时方式和半同步定时方式。

总线仲裁又称总线判优。由于总线为多个设备共享，在总线上某一时刻只能有一个总线主控设备控制总线，为了避免多个设备同时发送信息到总线而造成冲突，必须有一个总线仲裁机构，对总线的使用进行合理的分配和管理。

仲裁方式分为集中式仲裁和分布式仲裁。

9.2 习题解答

1. 总线规范的基本内容是什么？

解：

（1）机械结构规范：规定模块尺寸、总线插头、边沿连接器等的规格。

（2）功能结构规范：引脚名称与功能以及其相互作用的协议是总线的核心。通常包括如下内容。

① 数据线、地址线、读/写控制逻辑线、时钟线及电源线、地线等；

② 中断机制；

③ 总线主控仲裁；

④ 应用逻辑，如握手、复位、自启动、休眠等信号线。

(3) 电气规范：规定信号逻辑电平、负载能力及最大额定值、动态转换时间等。

2. 根据在微型计算机系统的不同层次上的总线分类，按总线功能分类，三大总线是什么？

解：数据总线(Data Bus)、地址总线(Address Bus)和控制总线(Control Bus)。

3. 采用标准总线结构的优点是什么？

解：

(1) 模块结构方式便于系统的扩充和升级；

(2) 采用模块结构方式可以简化系统设计；

(3) 模块化总线设计可以降低成本，同时便于诊断和维修；

(4) 按标准设计出的总线产品具有很好的兼容性，产品面向整个行业而非单一的系统。

4. 在总线上完成一次数据传输一般要经历哪几个阶段？

解：一般来说，总线上完成一次数据传输要经历五个阶段，即总线请求、总线仲裁、地址阶段、数据传送和结束阶段。

5. 总线数据传输的方式通常有哪几种？分别是如何实现总线控制的？各有什么特点？

解：总线数据传输的方式通常有同步定时方式、异步定时方式和半同步定时方式三种。

同步定时方式：

总线上的所有设备共用同一时钟脉冲进行操作过程的同步控制，发送和接收信号都在固定时刻发出。

特点：

(1) 用公共的时钟信号进行同步，具有较高的传输率(吞吐量大)；

(2) 同步定时不需要应答信号；

(3) 适用于总线长度较短，各设备存取时间比较接近的情况。

缺点：

源部件无法知道目的部件是否已收到数据，目的部件无法知道源部件的数据是否已真正送到总线上。

异步定时方式：

异步定时方式允许总线上的各部件有各自的时钟，在部件之间进行通信时没有公共的时间标准，而是在发送数据的同时通过在源部件和目的部件之间来回传送控制信号实现。

特点：异步定时适用于存取时间不同的设备之间的通信，对总线的长度也没有严格的要求。

缺点：延迟较长。

半同步定时方式：

半同步定时方式是利用时钟脉冲的边沿判断某一信号的状态，或控制某一信号的产生和消失，使传输操作与时钟同步。

特点：定时方式简单，系统内各设备在统一的系统时钟控制下同步工作，可靠性较高，同步结构较简单。

缺点：对系统时钟的频率不能要求太高。

6. 集中式仲裁主要有几种方式？

解：集中式仲裁主要有三种方式，即链式查询方式、计算器查询方式和独立请求方式。

7. PCI 总线的主要特点和性能指标是什么？

解：主要特点和性能指标如下：

- 支持 10 台外部设备。
- 数据总线宽度：32b(5V)/ 64b(3.3V)。
- 总线时钟频率：33MHz/66MHz，最高数据传输率可达 528MB/s。
- 时钟同步方式。
- 与 CPU 及时钟频率无关。
- 能自动识别外部设备(即插即用功能 PNP)。
- 总线操作与处理器和存储器子系统操作并行。
- 具有隐含的中央仲裁系统。
- 采用多路复用方式(地址线和数据线)，减少了引脚数。
- 支持 64 位寻址，完全的多总线主控能力。
- 提供地址和数据的奇偶校验。

8. CAN 总线的基本特点是什么？

解：CAN 总线的基本特点如下：

- 废除了传统的站地址编码，代之以对数据通信数据块进行编码，可以多主方式工作。
- 采用非破坏性仲裁技术，当两个节点同时向网络中传送数据时，优先级低的节点主动停止数据发送，而优先级高的节点可不受影响地继续传输数据，有效避免了总线冲突。
- 采用短帧结构，每帧的有效字节数为 8 个(CAN 技术规范 2.0A)，数据传输时间短，受干扰的概率低，重新发送的时间短。
- 每帧数据都有 CRC 校验及其他检错措施，保证了数据传输的高可靠性，适用在高干扰环境中使用。
- 节点在错误严重的情况下，具有自动关闭总线的功能，切断它与总线的联系，以使总线上的其他操作不受影响。
- 以点对点、一点对多点(成组)及全局广播集中方式传送和接收数据。
- 直接通信距离最远可达 10km/5Kbps，通信速率最高可达 1Mbps/40m。
- 采用不归零码(Non Return to Zero，NRZ)编码/解码方式，并采用位填充(插入)技术。

参 考 文 献

[1] 秦贵和,赵大鹏,刘萍萍,等. 微型计算机原理与汇编语言程序设计[M]. 北京：科学出版社,2012.

[2] 赵宏伟,子秀峰,黄永平,等. 微型计算机原理与接口技术[M]. 北京：科学出版社,2010.

[3] 赵雁南,温冬婵,杨泽红,等. 微型计算机系统与接口[M]. 北京：清华大学出版社,2005.

[4] 李继灿. 微型计算机技术及应用[M]. 北京：清华大学出版社,2003.

[5] 艾德才. 微机原理与接口技术[M]. 北京：清华大学出版社,2005.

图书资源支持

感谢您一直以来对清华版图书的支持和爱护。为了配合本书的使用，本书提供配套的资源，有需求的读者请扫描下方的“书圈”微信公众号二维码，在图书专区下载，也可以拨打电话或发送电子邮件咨询。

如果您在使用本书的过程中遇到了什么问题，或者有相关图书出版计划，也请您发邮件告诉我们，以便我们更好地为您服务。

我们的联系方式：

清华大学出版社计算机与信息分社网站：https://www.shuimushuhui.com/

地　　址：北京市海淀区双清路学研大厦 A 座 714

邮　　编：100084

电　　话：010-83470236　010-83470237

客服邮箱：2301891038@qq.com

QQ：2301891038（请写明您的单位和姓名）

资源下载：关注公众号“书圈”下载配套资源。

资源下载、样书申请

书圈

图书案例

清华计算机学堂

观看课程直播